大数
据

技术丛书

Spark Big Data Analytics in Action

Spark大数据分析实战

高彦杰 倪亚宇◎著

机械工业出版社
CHINA MACHINE PRESS

图书在版编目（CIP）数据

Spark 大数据分析实战 / 高彦杰，倪亚宇著 . —北京：机械工业出版社，2015.12（2024.2
重印）

（大数据技术丛书）

ISBN 978-7-111-52307-9

I. S… II. ①高… ②倪… III. 数据处理软件 IV. TP274

中国版本图书馆 CIP 数据核字（2015）第 297614 号

Spark 大数据分析实战

出版发行：机械工业出版社（北京市西城区百万庄大街 22 号 邮政编码：100037）			
责任编辑：高婧雅		责任校对：董纪丽	
印　　刷：固安县铭成印刷有限公司		版　　次：2024 年 2 月第 1 版第 7 次印刷	
开　　本：186mm×240mm　1/16		印　　张：14	
书　　号：ISBN 978-7-111-52307-9		定　　价：59.00 元	

客服电话：（010）88361066　68326294

为什么要写这本书

Spark 大数据技术还在如火如荼地发展，Spark 中国峰会的召开，各地 meetup 的火爆举行，开源软件 Spark 也因此水涨船高，很多公司已经将 Spark 大范围落地并且应用。Spark 使用者的需求已经从最初的部署安装、运行实例，到现在越来越需要通过 Spark 构建丰富的数据分析应用。写一本 Spark 实用案例类的技术书籍，是一个持续了很久的想法。由于工作较为紧张，最初只是将参与或学习过的 Spark 相关案例进行总结，但是随着时间的推移，最终还是打算将其中通用的算法、系统架构以及应用场景抽象出来，并进行适当简化，也算是一种总结和分享。

Spark 发源于美国加州大学伯克利分校 AMPLab 的大数据分析平台，它立足于内存计算，从多迭代批量处理出发，兼顾数据仓库、流处理和图计算等多种计算范式，是大数据系统领域的全栈计算平台。Spark 当下已成为 Apache 基金会的顶级开源项目，拥有着庞大的社区支持，生态系统日益完善，技术也逐渐走向成熟。

现在越来越多的同行已经了解 Spark，并且开始使用 Spark，但是国内缺少一本 Spark 的实战案例类的书籍，很多 Spark 初学者和开发人员只能参考网络上零散的博客或文档，学习效率较慢。本书也正是为了解决上述问题而着意编写。

本书希望带给读者一个系统化的视角，秉承大道至简的主导思想，介绍 Spark 的基本原理，如何在 Spark 上构建复杂数据分析算法，以及 Spark 如何与其他开源系统进行结合构建数据分析应用，让读者开启 Spark 技术应用之旅。

本书特色

Spark 作为一款基于内存的分布式计算框架，具有简洁的接口，可以快速构建上层数据分析算法，同时具有很好的兼容性，能够结合其他开源数据分析系统构建数据分析应用或者产品。

为了适合读者阅读和掌握知识结构，本书从 Spark 基本概念和机制介绍入手，结合笔者实践经验讲解如何在 Spark 之上构建机器学习算法，并最后结合不同的应用场景构建数据分析应用。

读者对象

本书中一些实操和应用章节，比较适数据分析和开发人员，可以作为工作手边书；机器学习和算法方面的章节，比较适合机器学习和算法工程师，可以分享经验，拓展解决问题的思路。

- ❑ Spark 初学者
- ❑ Spark 应用开发人员
- ❑ Spark 机器学习爱好者
- ❑ 开源软件爱好者
- ❑ 其他对大数据技术感兴趣的人员

如何阅读本书

本书分为 11 章内容。

第 1 章　从 Spark 概念出发，介绍 Spark 的来龙去脉，阐述 Spark 机制与如何进行 Spark 编程。

第 2 章　详细介绍 Spark 的开发环境配置。

第 3 章　详细介绍 Spark 生态系统重要组件 Spark SQL、Spark Streaming、GraphX、MLlib 的实现机制，为后续使用奠定基础。

第 4 章　详细介绍如何通过 Flume、Kafka、Spark Streaming、HDFS、Flask 等开源工具构建实时与离线数据分析流水线。

第 5 章　从实际出发，详细介绍如何在 Azure 云平台，通过 Node.js、Azure Queue、Azure Table、Spark Streaming、MLlib 等组件对用户行为数据进行分析与推荐。

第 6 章　详细介绍如何通过 Twitter API、Spark SQL、Spark Streaming、Cassandra、D3 等组件对 Twitter 进行情感分析与统计分析。

第 7 章　详细介绍如何通过 Scrapy、Kafka、MongoDB、Spark、Spark Streaming、

Elastic Search 等组件对新闻进行抓取、分析、热点新闻聚类等挖掘工作。

第 8 章 详细介绍了协同过滤概念和模型，讲解了如何在 Spark 中实现基于 Item-based、User-based 和 Model-based 协同过滤算法的推荐系统。

第 9 章 详细介绍了社交网络分析的基本概念和经典算法，以及如何利用 Spark 实现这些经典算法，用于真实网络的分析。

第 10 章 详细介绍了主题分析模型（LDA），讲解如何在 Spark 中实现 LDA 算法，并且对真实的新闻数据进行分析。

第 11 章 详细介绍了搜索引擎的基本原理，以及其中用到的核心搜索排序相关算法——PageRank 和 Ranking SVM，并讲解了如何在 Spark 中实现 PageRank 和 Ranking SVM 算法，以及如何对真实的 Web 数据进行分析。

如果你有一定的经验，能够理解 Spark 的相关基础知识和使用技巧，那么可以直接阅读第 4 ～ 11 章。然而，如果你是一名初学者，请一定从第 1 章的基础知识开始学起。

勘误和支持

由于笔者的水平有限，加之编写时间仓促，书中难免会出现一些错误或者不准确的地方，恳请读者批评指正。如果你有更多的宝贵意见，我们会尽量为读者提供最满意的解答。你也可以通过微博 @ 高彦杰 gyj，博客：http://blog.csdn.net/gaoyanjie55，或者邮箱 gaoyanjie55@163.com 联系到高彦杰。你也可以通过邮箱 niyayu@foxmail.com 联系到倪亚宇。

期待能够得到大家的真挚反馈，在技术之路上互勉共进。

致谢

感谢微软亚洲研究院的 Thomas 先生和 Ying Yan，在每一次迷茫时给予我鼓励与支持。

感谢机械工业出版社的杨福川和高婧雅，在近半年的时间里始终支持我们的写作，你们的鼓励和帮助引导我顺利完成全部书稿。

特别致谢

谨以此书献给我最亲爱的爱人，家人，同事，以及众多热爱大数据技术的朋友们！

高彦杰

目 录 *Contents*

Spark 简介

本章主要介绍 Spark 框架的概念、生态系统、架构及 RDD 等，并围绕 Spark 的 BDAS 项目及其子项目进行了简要介绍。目前，Spark 生态系统已经发展成为一个包含多个子项目的集合，其中包含 SparkSQL、Spark Streaming、GraphX、MLlib 等子项目，本章只进行简要介绍，后续章节会有详细阐述。

1.1 初识 Spark

Spark 是基于内存计算的大数据并行计算框架，因为它基于内存计算，所以提高了在大数据环境下数据处理的实时性，同时保证了高容错性和高可伸缩性，允许用户将 Spark 部署在大量廉价硬件之上，形成集群。

1. Spark 执行的特点

Hadoop 中包含计算框架 MapReduce 和分布式文件系统 HDFS。

Spark 是 MapReduce 的替代方案，而且兼容 HDFS、Hive 等分布式存储层，融入 Hadoop 的生态系统，并弥补 MapReduce 的不足。

（1）中间结果输出

Spark 将执行工作流抽象为通用的有向无环图执行计划（DAG），可以将多 Stage 的任务串联或者并行执行，而无需将 Stage 的中间结果输出到 HDFS 中，类似的引擎包括 Flink、Dryad、Tez。

（2）数据格式和内存布局

Spark 抽象出分布式内存存储结构弹性分布式数据集 RDD，可以理解为利用分布式的数组来进行数据的存储。RDD 能支持粗粒度写操作，但对于读取操作，它可以精确到每条记录。Spark 的特性是能够控制数据在不同节点上的分区，用户可以自定义分区策略。

（3）执行策略

Spark 执行过程中不同 Stage 之间需要进行 Shuffle。Shuffle 是连接有依赖的 Stage 的桥梁，上游 Stage 输出到下游 Stage 中必须经过 Shuffle 这个环节，通过 Shuffle 将相同的分组数据拆分后聚合到同一个节点再处理。Spark Shuffle 支持基于 Hash 或基于排序的分布式聚合机制。

（4）任务调度的开销

Spark 采用了事件驱动的类库 AKKA 来启动任务，通过线程池的复用线程来避免系统启动和切换开销。

2. Spark 的优势

Spark 的一站式解决方案有很多的优势，分别如下所述。

（1）打造全栈多计算范式的高效数据流水线

支持复杂查询与数据分析任务。在简单的"Map"及"Reduce"操作之外，Spark 还支持 SQL 查询、流式计算、机器学习和图算法。同时，用户可以在同一个工作流中无缝搭配这些计算范式。

（2）轻量级快速处理

Spark 代码量较小，这得益于 Scala 语言的简洁和丰富表达力，以及 Spark 通过 External DataSource API 充分利用和集成 Hadoop 等其他第三方组件的能力。同时 Spark 基于内存计算，可通过中间结果缓存在内存来减少磁盘 I/O 以达到性能的提升。

（3）易于使用，支持多语言

Spark 支持通过 Scala、Java 和 Python 编写程序，这允许开发者在自己熟悉的语言环境下进行工作。它自带了 80 多个算子，同时允许在 Shell 中进行交互式计算。用户可以利用 Spark 像书写单机程序一样书写分布式程序，轻松利用 Spark 搭建大数据内存计算平台并充分利用内存计算，实现海量数据的实时处理。

（4）与 External Data Source 多数据源支持

Spark 可以独立运行，除了可以运行在当下的 Yarn 集群管理之外，它还可以读取已有的任何 Hadoop 数据。它可以运行多种数据源，比如 Parquet、Hive、HBase、HDFS 等。这个特性让用户可以轻易迁移已有的持久化层数据。

（5）社区活跃度高

Spark 起源于 2009 年，当下已有超过 600 多位工程师贡献过代码。开源系统的发展不应只看一时之快，更重要的是一个活跃的社区和强大的生态系统的支持。

　　同时也应该看到 Spark 并不是完美的，RDD 模型适合的是粗粒度的全局数据并行计算；不适合细粒度的、需要异步更新的计算。对于一些计算需求，如果要针对特定工作负载达到最优性能，还需要使用一些其他的大数据系统。例如，图计算领域的 GraphLab 在特定计算负载性能上优于 GraphX，流计算中的 Storm 在实时性要求很高的场合要更胜 Spark Streaming 一筹。

1.2　Spark 生态系统 BDAS

　　目前，Spark 已经发展成为包含众多子项目的大数据计算平台。BDAS 是伯克利大学提出的基于 Spark 的数据分析栈（BDAS）。其核心框架是 Spark，同时涵盖支持结构化数据 SQL 查询与分析的查询引擎 Spark SQL，提供机器学习功能的系统 MLBase 及底层的分布式机器学习库 MLlib，并行图计算框架 GraphX，流计算框架 Spark Streaming，近似查询引擎 BlinkDB，内存分布式文件系统 Tachyon，资源管理框架 Mesos 等子项目。这些子项目在 Spark 上层提供了更高层、更丰富的计算范式。

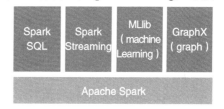

　　图 1-1 展现了 BDAS 的主要项目结构图。

　　下面对 BDAS 的各个子项目进行更详细的介绍。

　　（1）Spark

　　Spark 是整个 BDAS 的核心组件，是一个大

图 1-1　伯克利数据分析栈（BDAS）主要项目结构图

数据分布式编程框架，不仅实现了 MapReduce 的算子 map 函数和 reduce 函数及计算模型，还提供了更为丰富的算子，例如 filter、join、groupByKey 等。Spark 将分布式数据抽象为 RDD（弹性分布式数据集），并实现了应用任务调度、RPC、序列化和压缩，并为运行在其上层的组件提供 API。其底层采用 Scala 这种函数式语言书写而成，并且所提供的 API 深度借鉴函数式的编程思想，提供与 Scala 类似的编程接口。

　　图 1-2 所示即为 Spark 的处理流程（主要对象为 RDD）。

　　Spark 将数据在分布式环境下分区，然后将作业转化为有向无环图（DAG），并分阶段进行 DAG 的调度和任务的分布式并行处理。

　　（2）Spark SQL

　　Spark SQL 提供在大数据上的 SQL 查询功能，类似于 Shark 在整个生态系统的角色，它们可以统称为 SQL on Spark。之前，由于 Shark 的查询编译和优化器依赖 Hive，使得 Shark 不得不维护一套 Hive 分支。而 Spark SQL 使用 Catalyst 作为查询解析和优化器，并在底层使用 Spark 作为执行引擎实现 SQL 的算子。用户可以在 Spark 上直接书写 SQL，

相当于为 Spark 扩充了一套 SQL 算子，这无疑更加丰富了 Spark 的算子和功能。同时 Spark SQL 不断兼容不同的持久化存储（如 HDFS、Hive 等），为其发展奠定广阔的空间。

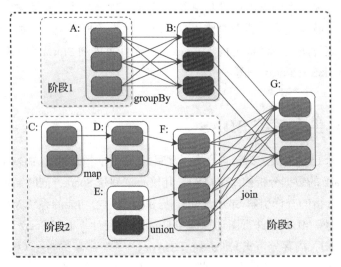

图 1-2　Spark 的任务处理流程图

（3）Spark Streaming

Spark Streaming 通过将流数据按指定时间片累积为 RDD，然后将每个 RDD 进行批处理，进而实现大规模的流数据处理。其吞吐量能够超越现有主流流处理框架 Storm，并提供丰富的 API 用于流数据计算。

（4）GraphX

GraphX 基于 BSP 模型，在 Spark 之上封装类似 Pregel 的接口，进行大规模同步全局的图计算，尤其是当用户进行多轮迭代的时候，基于 Spark 内存计算的优势尤为明显。

（5）MLlib

MLlib 是 Spark 之上的分布式机器学习算法库，同时包括相关的测试和数据生成器。MLlib 支持常见的机器学习问题，例如分类、回归、聚类以及协同过滤，同时也包括一个底层的梯度下降优化基础算法。

1.3　Spark 架构与运行逻辑

1. Spark 的架构

❑ Driver：运行 Application 的 main() 函数并且创建 SparkContext。

❑ Client：用户提交作业的客户端。

❑ Worker：集群中任何可以运行 Application 代码的节点，运行一个或多个 Executor 进程。

❑ Executor：运行在 Worker 的 Task 执行器，Executor 启动线程池运行 Task，并且 负责将数据存在内存或者磁盘上。每个 Application 都会申请各自的 Executor 来 处理任务。

❑ SparkContext：整个应用的上下文，控制应用的生命周期。

❑ RDD：Spark 的基本计算单元，一组 RDD 形成执行的有向无环图 RDD Graph。

❑ DAG Scheduler：根据 Job 构建基于 Stage 的 DAG 工作流，并提交 Stage 给 TaskScheduler。

❑ TaskScheduler：将 Task 分发给 Executor 执行。

❑ SparkEnv：线程级别的上下文，存储运行时的重要组件的引用。

2. 运行逻辑

（1）Spark 作业提交流程

如图 1-3 所示，Client 提交应用，Master 找到一个 Worker 启动 Driver，Driver 向 Master 或者资源管理器申请资源，之后将应用转化为 RDD 有向无环图，再由 DAGScheduler 将 RDD 有向无环图转化为 Stage 的有向无环图提交给 TaskScheduler，由 TaskScheduler 提交任务给 Executor 进行执行。任务执行的过程中其他组件再协同工作 确保整个应用顺利执行。

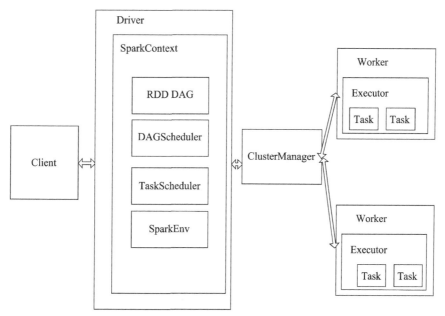

图 1-3　Spark 架构

（2）Spark 作业运行逻辑

如图 1-4 所示，在 Spark 应用中，整个执行流程在逻辑上运算之间会形成有向无环图。Action 算子触发之后会将所有累积的算子形成一个有向无环图，然后由调度器调度该图上的任务进行运算。Spark 的调度方式与 MapReduce 有所不同。Spark 根据 RDD 之间不同的依赖关系切分形成不同的阶段（Stage），一个阶段包含一系列函数进行流水线执行。图中的 A、B、C、D、E、F，分别代表不同的 RDD，RDD 内的一个方框代表一个数据块。数据从 HDFS 输入 Spark，形成 RDD A 和 RDD C，RDD C 上执行 map 操作，转换为 RDD D，RDD B 和 RDD E 进行 join 操作转换为 F，而在 B 到 F 的过程中又会进行 Shuffle。最后 RDD F 通过函数 saveAsSequenceFile 输出保存到 HDFS 中。

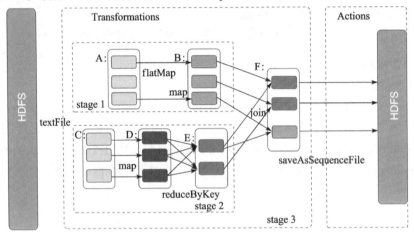

图 1-4　Spark 执行有向无环图

1.4　弹性分布式数据集

本节将介绍弹性分布式数据集 RDD。Spark 是一个分布式计算框架，而 RDD 是其对分布式内存数据的抽象，可以认为 RDD 就是 Spark 分布式算法的数据结构，而 RDD 之上的操作是 Spark 分布式算法的核心原语，由数据结构和原语设计上层算法。Spark 最终会将算法（RDD 上的一连串操作）翻译为 DAG 形式的工作流进行调度，并进行分布式任务的分发。

1.4.1　RDD 简介

在集群背后，有一个非常重要的分布式数据架构，即弹性分布式数据集（Resilient Distributed Dataset，RDD）。它在集群中的多台机器上进行了数据分区，逻辑上可以认为是一个分布式的数组，而数组中每个记录可以是用户自定义的任意数据结构。RDD 是 Spark 的核心数据结构，通过 RDD 的依赖关系形成 Spark 的调度顺序，通过对 RDD 的操作形成整个 Spark 程序。

（1）RDD 创建方式

1）从 Hadoop 文件系统（或与 Hadoop 兼容的其他持久化存储系统，如 Hive、Cassandra、HBase）输入（例如 HDFS）创建。

2）从父 RDD 转换得到新 RDD。

3）通过 parallelize 或 makeRDD 将单机数据创建为分布式 RDD。

（2）RDD 的两种操作算子

对于 RDD 可以有两种操作算子：转换（Transformation）与行动（Action）。

1）转换（Transformation）：Transformation 操作是延迟计算的，也就是说从一个 RDD 转换生成另一个 RDD 的转换操作不是马上执行，需要等到有 Action 操作的时候才会真正触发运算。

2）行动（Action）：Action 算子会触发 Spark 提交作业（Job），并将数据输出 Spark 系统。

（3）RDD 的重要内部属性

通过 RDD 的内部属性，用户可以获取相应的元数据信息。通过这些信息可以支持更复杂的算法或优化。

1）分区列表：通过分区列表可以找到一个 RDD 中包含的所有分区及其所在地址。

2）计算每个分片的函数：通过函数可以对每个数据块进行 RDD 需要进行的用户自定义函数运算。

3）对父 RDD 的依赖列表：为了能够回溯到父 RDD，为容错等提供支持。

4）对 key-value pair 数据类型 RDD 的分区器，控制分区策略和分区数。通过分区函数可以确定数据记录在各个分区和节点上的分配，减少分布不平衡。

5）每个数据分区的地址列表（如 HDFS 上的数据块的地址）。

如果数据有副本，则通过地址列表可以获知单个数据块的所有副本地址，为负载均衡和容错提供支持。

（4）Spark 计算工作流

图 1-5 中描述了 Spark 的输入、运行转换、输出。在运行转换中通过算子对 RDD 进行转换。算子是 RDD 中定义的函数，可以对 RDD 中的数据进行转换和操作。

❑ 输入：在 Spark 程序运行中，数据从外部数据空间（例如，HDFS、Scala 集合或数据）输入到 Spark，数据就进入了 Spark 运行时数据空间，会转化为 Spark 中的数据块，通过 BlockManager 进行管理。

❑ 运行：在 Spark 数据输入形成 RDD 后，便可以通过变换算子 fliter 等，对数据操作并将 RDD 转化为新的 RDD，通过行动（Action）算子，触发 Spark 提交作业。如果数据需要复用，可以通过 Cache 算子，将数据缓存到内存。

❑ 输出：程序运行结束数据会输出 Spark 运行时空间，存储到分布式存储中（如 saveAsTextFile 输出到 HDFS）或 Scala 数据或集合中（collect 输出到 Scala 集合，count 返回 Scala Int 型数据）。

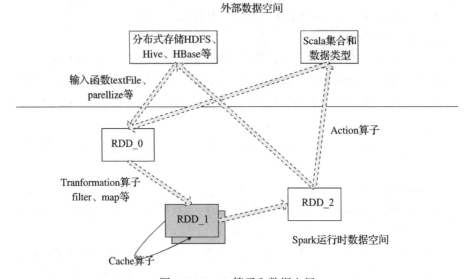

图 1-5　Spark 算子和数据空间

Spark 的核心数据模型是 RDD，但 RDD 是个抽象类，具体由各子类实现，如 MappedRDD、ShuffledRDD 等子类。Spark 将常用的大数据操作都转化成为 RDD 的子类。

1.4.2　RDD 算子分类

本节将主要介绍 Spark 算子的作用，以及算子的分类。

Spark 算子大致可以分为以下两类。

1）Transformation 变换算子：这种变换并不触发提交作业，完成作业中间过程处理。

2）Action 行动算子：这类算子会触发 SparkContext 提交 Job 作业。

下面分别对两类算子进行详细介绍。

1. Transformations 算子

下文将介绍常用和较为重要的 Transformation 算子。

（1）map

将原来 RDD 的每个数据项通过 map 中的用户自定义函数 f 映射转变为一个新的元素。源码中 map 算子相当于初始化一个 RDD，新 RDD 叫做 MappedRDD(this，sc.clean(f))。

图 1-7 中每个方框表示一个 RDD 分区，左侧的分区经过用户自定义函数 f:T->U 映射为右侧的新 RDD 分区。但是，实际只有等到 Action 算子触发后这个 f 函数才会和其他函数在一个 stage 中对数据进行运算。在图 1-6 中的第一个分区，数据记录 V1 输入 f，通过 f 转换输出为转换后的分区中的数据记录 V'1。

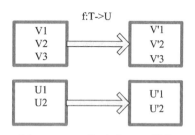

图 1-6　map 算子对 RDD 转换

（2）flatMap

将原来 RDD 中的每个元素通过函数 f 转换为新的元素，并将生成的 RDD 的每个集合中的元素合并为一个集合，内部创建 FlatMappedRDD(this，sc.clean(f))。

图 1-7 表示 RDD 的一个分区进行 flatMap 函数操作，flatMap 中传入的函数为 f:T->U，T 和 U 可以是任意的数据类型。将分区中的数据通过用户自定义函数 f 转换为新的数据。外部大方框可以认为是一个 RDD 分区，小方框代表一个集合。V1、V2、V3 在一个集合作为 RDD 的一个数据项，可能存储为数组或其他容器，转换为 V'1、V'2、V'3 后，将原来的数组或容器结合拆散，拆散的数据形成为 RDD 中的数据项。

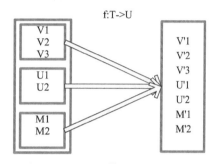

图 1-7　flapMap 算子对 RDD 转换

（3）mapPartitions

mapPartitions 函数获取到每个分区的迭代器，在函数中通过这个分区整体的迭代器对整个分区的元素进行操作。内部实现是生成 MapPartitionsRDD。图 1-8 中的方框代表一个 RDD 分区。

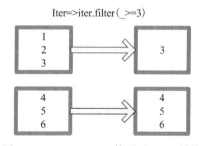

图 1-8　mapPartitions 算子对 RDD 转换

图 1-8 中，用户通过函数 f(iter)=>iter.filter(_>=3) 对分区中所有数据进行过滤，大于和等于 3 的数据保留。一个方块代表一个 RDD 分区，含有 1、2、3 的分区过滤只剩下元素 3。

（4）union

使用 union 函数时需要保证两个 RDD 元素的数据类型相同，返回的 RDD 数据类型和被合并的 RDD 元素数据类型相同。并不进行去重操作，保存所有元素，如果想去重可以使用 distinct()。同时 Spark 还提供更为简洁的使用 union 的 API，通过 ++ 符号相当于 union 函数操作。

图 1-9 中左侧大方框代表两个 RDD，大方框内的小方框代表 RDD 的分区。右侧大方框代表合并后的 RDD，大方框内的小方框代表分区。合并后，V1、V2、V3……V8 形成一个分区，其他元素同理进行合并。

（5）cartesian

对 两 个 RDD 内 的 所 有 元 素 进 行 笛 卡 尔 积 操 作。操 作 后，内 部 实 现 返 回 CartesianRDD。图 1-10 中左侧大方框代表两个 RDD，大方框内的小方框代表 RDD 的分区。右侧大方框代表合并后的 RDD，大方框内的小方框代表分区。

例如：V1 和另一个 RDD 中的 W1、W2、Q5 进行笛卡尔积运算形成 (V1,W1)、(V1,W2)、(V1,Q5)。

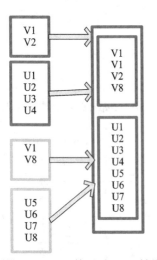

图 1-9　union 算子对 RDD 转换

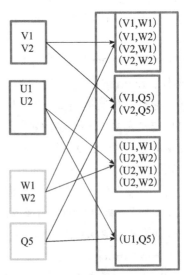

图 1-10　cartesian 算子对 RDD 转换

（6）groupBy

groupBy：将元素通过函数生成相应的 Key，数据就转化为 Key-Value 格式，之后将 Key 相同的元素分为一组。

函数实现如下：

1）将用户函数预处理：

```
val cleanF = sc.clean(f)
```

2）对数据 map 进行函数操作，最后再进行 groupByKey 分组操作。

```
this.map(t => (cleanF(t), t)).groupByKey(p)
```

其中，p 确定了分区个数和分区函数，也就决定了并行化的程度。

图 1-11 中方框代表一个 RDD 分区，相同 key 的元素合并到一个组。例如 V1 和 V2 合并为 V，Value 为 V1,V2。形成 V,Seq(V1,V2)。

（7）filter

filter 函数功能是对元素进行过滤，对每个元素应用 f 函数，返回值为 true 的元素在 RDD 中保留，返回值为 false 的元素将被过滤掉。内部实现相当于生成 FilteredRDD(this, sc.clean(f))。

下面代码为函数的本质实现：

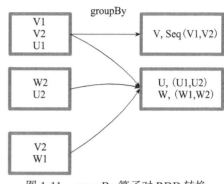

图 1-11　groupBy 算子对 RDD 转换

```
deffilter(f:T=>Boolean):RDD[T]=newFilteredRDD(this,sc.clean(f))
```

图 1-12 中每个方框代表一个 RDD 分区，T 可以是任意的类型。通过用户自定义的过滤函数 f，对每个数据项操作，将满足条件、返回结果为 true 的数据项保留。例如，过滤掉 V2 和 V3 保留了 V1，为区分命名为 V'1。

（8）sample

sample 将 RDD 这个集合内的元素进行采样，获取所有元素的子集。用户可以设定是否有放回的抽样、百分比、随机种子，进而决定采样方式。

内部实现是生成 SampledRDD(withReplacement，fraction，seed)。

函数参数设置：

❑ withReplacement=true，表示有放回的抽样。

❑ withReplacement=false，表示无放回的抽样。

图 1-13 中的每个方框是一个 RDD 分区。通过 sample 函数，采样 50% 的数据。V1、V2、U1、U2……U4 采样出数据 V1 和 U1、U2 形成新的 RDD。

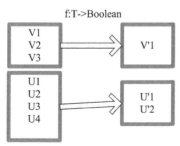

图 1-12　filter 算子对 RDD 转换

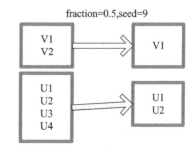

图 1-13　sample 算子对 RDD 转换

（9）cache

cache 将 RDD 元素从磁盘缓存到内存。相当于 persist(MEMORY_ONLY) 函数的功能。

图 1-14 中每个方框代表一个 RDD 分区，左侧相当于数据分区都存储在磁盘，通过 cache 算子将数据缓存在内存。

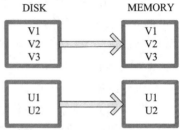

图 1-14　Cache 算子对 RDD 转换

（10）persist

persist 函数对 RDD 进行缓存操作。数据缓存在哪里依据 StorageLevel 这个枚举类型进行确定。有以下几种类型的组合（见图 1-14），DISK 代表磁盘，MEMORY 代表内存，SER 代表数据是否进行序列化存储。

下面为函数定义，StorageLevel 是枚举类型，代表存储模式，用户可以通过图 1-14 按需进行选择。

```
persist(newLevel:StorageLevel)
```

图 1-15 中列出 persist 函数可以进行缓存的模式。例如，MEMORY_AND_DISK_SER 代表数据可以存储在内存和磁盘，并且以序列化的方式存储，其他同理。

```
val DISK_ONLY: StorageLevel
val DISK_ONLY_2: StorageLevel
val MEMORY_AND_DISK: StorageLevel
val MEMORY_AND_DISK_2: StorageLevel
val MEMORY_AND_DISK_SER: StorageLevel
val MEMORY_AND_DISK_SER_2: StorageLevel
val MEMORY_ONLY: StorageLevel
val MEMORY_ONLY_2: StorageLevel
val MEMORY_ONLY_SER: StorageLevel
val MEMORY_ONLY_SER_2: StorageLevel
val NONE: StorageLevel
val OFF_HEAP: StorageLevel
```

图 1-15　persist 算子对 RDD 转换

图 1-16 中方框代表 RDD 分区。disk 代表存储在磁盘，mem 代表存储在内存。数据最初全部存储在磁盘，通过 persist(MEMORY_AND_DISK) 将数据缓存到内存，但是有的分区无法容纳在内存，将含有 V1、V2、V3 的分区存储到磁盘。

（11）mapValues

mapValues：针对（Key，Value）型数据中的 Value 进行 Map 操作，而不对 Key 进行处理。

图 1-17 中的方框代表 RDD 分区。a=>a+2 代表对 (V1,1) 这样的 Key Value 数据对，数据只对 Value 中的 1 进行加 2 操作，返回结果为 3。

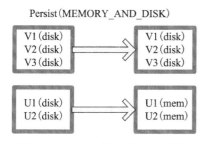

图 1-16　Persist 算子对 RDD 转换

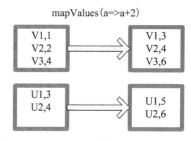

图 1-17　mapValues 算子 RDD 对转换

（12）combineByKey

下面代码为 combineByKey 函数的定义：

```
combineByKey[C](createCombiner:(V) ⇒ C,
mergeValue:(C, V) ⇒ C,
mergeCombiners:(C, C) ⇒ C,
partitioner:Partitioner,
mapSideCombine:Boolean=true,
serializer:Serializer=null):RDD[(K,C)]
```

说明：

❑ createCombiner：V => C，C 不存在的情况下，比如通过 V 创建 seq C。

❑ mergeValue：(C，V) => C，当 C 已经存在的情况下，需要 merge，比如把 item V 加到 seq C 中，或者叠加。

❑ mergeCombiners：(C，C) => C，合并两个 C。

❑ partitioner：Partitioner, Shuffle 时需要的 Partitioner。

❑ mapSideCombine：Boolean = true，为了减小传输量，很多 combine 可以在 map 端先做，比如叠加，可以先在一个 partition 中把所有相同的 key 的 value 叠加，再 shuffle。

❑ serializerClass：String = null，传输需要序列化，用户可以自定义序列化类：

例如，相当于将元素为 (Int，Int) 的 RDD 转变为了 (Int，Seq[Int]) 类型元素的 RDD。

图 1-18 中的方框代表 RDD 分区。如图，通过 combineByKey，将 (V1,2)，(V1,1) 数据合并为（V1,Seq(2,1)）。

（13）reduceByKey

reduceByKey 是比 combineByKey 更简单的一种情况，只是两个值合并成一个值，（Int，Int V）to（Int，Int C），比如叠加。所以 createCombiner reduceBykey 很简单，就是直接返回 v，而 mergeValue 和 mergeCombiners 逻辑是相同的，没有区别。

函数实现：

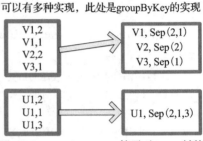

图 1-18 comBineByKey 算子对 RDD 转换

```
def reduceByKey(partitioner: Partitioner, func: (V, V) => V): RDD[(K, V)]
= {
    combineByKey[V]((v: V) => v, func, func, partitioner)
}
```

图 1-19 中的方框代表 RDD 分区。通过用户自定义函数 (A,B) => (A + B) 函数，将相同 key 的数据 (V1,2) 和 (V1,1) 的 value 相加运算，结果为（V1,3）。

（14）join

join 对两个需要连接的 RDD 进行 cogroup 函数操作，将相同 key 的数据能够放到一个分区，在 cogroup 操作之后形成的新 RDD 对每个 key 下的元素进行笛卡尔积的操作，返回的结果再展平，对应 key 下的所有元组形成一个集合。最后返回 RDD[(K，(V，W))]。

下面代码为 join 的函数实现，本质是通过 cogroup 算子先进行协同划分，再通过 flatMapValues 将合并的数据打散。

图 1-19 reduceByKey 算子对 RDD 转换

```
this.cogroup(other,partitioner).flatMapValues{case(vs,ws)=>
    for(v<-vs;w<-ws)yield(v,w) }
```

图 1-20 是对两个 RDD 的 join 操作示意图。大方框代表 RDD，小方框代表 RDD 中的分区。函数对相同 key 的元素，如 V1 为 key 做连接后结果为 (V1,(1,1)) 和 (V1,(1,2))。

2. Actions 算子

本质上在 Action 算子中通过 SparkContext 进行了提交作业的 runJob 操作，触发了 RDD DAG 的执行。

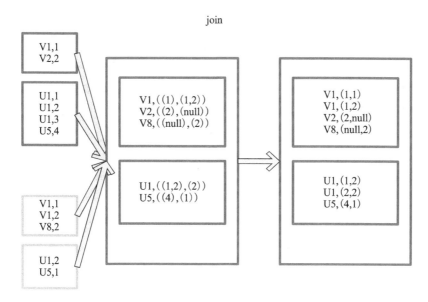

图 1-20　join 算子对 RDD 转换

例如，Action 算子 collect 函数的代码如下，感兴趣的读者可以顺着这个入口进行源码剖析：

```
/**
 * Return an array that contains all of the elements in this RDD.
 */
def collect(): Array[T] = {
/* 提交 Job*/
    val results = sc.runJob(this, (iter: Iterator[T]) => iter.toArray)
    Array.concat(results: _*)
}
```

下面将介绍常用和较为重要的 Action 算子。

（1）foreach

foreach 对 RDD 中的每个元素都应用 f 函数操作，不返回 RDD 和 Array，而是返回 Uint。

图 1-21 表示 foreach 算子通过用户自定义函数对每个数据项进行操作。本例中自定义函数为 println()，控制台打印所有数据项。

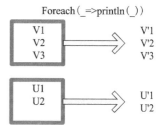

（2）saveAsTextFile

函数将数据输出，存储到 HDFS 的指定目录。

下面为 saveAsTextFile 函数的内部实现，其内部

图 1-21　foreach 算子对 RDD 转换

通过调用 saveAsHadoopFile 进行实现：

```
this.map(x => (NullWritable.get(), new Text(x.toString)))
.saveAsHadoopFile[TextOutputFormat[NullWritable, Text]](path)
```

将 RDD 中的每个元素映射转变为 (null，x.toString)，然后再将其写入 HDFS。

图 1-22 中左侧方框代表 RDD 分区，右侧方框代表 HDFS 的 Block。通过函数将 RDD 的每个分区存储为 HDFS 中的一个 Block。

（3）collect

collect 相当于 toArray，toArray 已经过时不推荐使用，collect 将分布式的 RDD 返回为一个单机的 scala Array 数组。在这个数组上运用 scala 的函数式操作。

图 1-23 中左侧方框代表 RDD 分区，右侧方框代表单机内存中的数组。通过函数操作，将结果返回到 Driver 程序所在的节点，以数组形式存储。

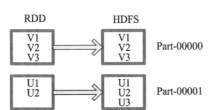

图 1-22　saveAsHadoopFile 算子对 RDD 转换 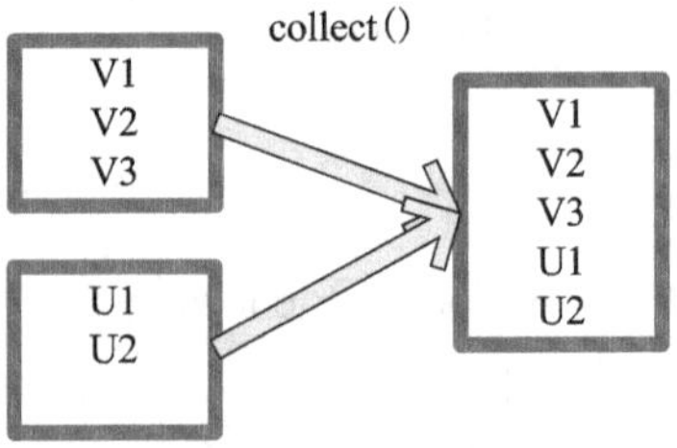　　图 1-23　Collect 算子对 RDD 转换

（4）count

count 返回整个 RDD 的元素个数。

内部函数实现为：

```
defcount():Long=sc.runJob(this,Utils.getIteratorSize_).sum
```

图 1-24 中，返回数据的个数为 5。一个方块代表一个 RDD 分区。

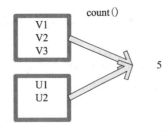

图 1-24　count 对 RDD 算子转换

1.5　本章小结

本章首先介绍了 Spark 分布式计算平台的基本概念、原理以及 Spark 生态系统 BDAS 之上的典型组件。Spark 为用户提供了系统底层细节透明、编程接口简洁的分布式计算平台。Spark 具有内存计算、实时性高、容错性好等突出特点。同时本章介绍了 Spark 的计算模型，Spark 会将应用程序整体翻译为一个有向无环图进行调度和执行。相比 MapReduce，Spark 提供了更加优化和复杂的执行流。读者还可以深入了解 Spark 的运行机制与 Spark 算子，这样能更加直观地了解 API 的使用。Spark 提供了更加丰富的函数式算子，这样就为 Spark 上层组件的开发奠定了坚实的基础。

相信读者已经想了解如何开发 Spark 程序，接下来将就 Spark 的开发环境配置进行阐述。

Chapter 2 第 2 章

Spark 开发与环境配置

用户进行 Spark 应用程序开发，一般在用户本地进行单机开发调试，之后再将作业提交到集群生产环境中运行。下面将介绍 Spark 开发环境的配置，如何编译和进行源码阅读环境的配置。

用户可以在官网上下载最新的 AS 软件包，网址为：http://spark.apache.org/。

2.1 Spark 应用开发环境配置

Spark 的开发可以通过 Intellij 或者 Eclipse IDE 进行，在环境配置的开始阶段，还需要安装相应的 Scala 插件。

2.1.1 使用 Intellij 开发 Spark 程序

本节介绍如何使用 Intellij IDEA 构建 Spark 开发环境和源码阅读环境。由于 Intellij 对 Scala 的支持更好，目前 Spark 开发团队主要使用 Intellij 作为开发环境。

1. 配置开发环境

（1）安装 JDK

用户可以自行安装 JDK8。官网地址：http://www.oracle.com/technetwork/java/javase/downloads/index.html。

下载后，如果在 Windows 下直接运行安装程序，会自动配置环境变量，安装成功后，在 CMD 的命令行下输入 Java，有 Java 版本的日志信息提示则证明安装成功。

如果在 Linux 下安装，下载 JDK 包解压缩后，还需要配置环境变量。

在 /etc/profile 文件中，配置环境变量：

```
export JAVA_HOME=/usr/java/jdk1.8
export JAVA_BIN=/usr/java/jdk1.8/bin
export PATH=$PATH:$JAVA_HOME/bin
export CLASSPATH=.:$JAVA_HOME/lib/dt.jar:$JAVA_HOME/lib/tools.jar
export JAVA_HOME JAVA_BIN PATH CLASSPATH
```

（2）安装 Scala

Spark 内核采用 Scala 进行开发，上层通过封装接口提供 Java 和 Python 的 API，在进行开发前需要配置好 Scala 的开发包。

Spark 对 Scala 的版本有约束，用户可以在 Spark 的官方下载界面看到相应的 Scala 版本号。下载指定的 Scala 包，官网地址：http://www.scala-lang.org/download/。

（3）安装 Intellij IDEA

用户可以下载安装最新版本的 Intellij，官网地址：http://www.jetbrains.com/idea/download/。

目前 Intellij 最新的版本中已经可以支持新建 SBT 工程，安装 Scala 插件，可以很好地支持 Scala 开发。

（4）Intellij 中安装 Scala 插件

在 Intellij 菜单中选择"Configure"，在下拉菜单中选择"Plugins"，再选择"Browse repositories"，输入"Scala"搜索插件（如图 2-1 所示），在弹出的对话框中单击"install"按钮，重启 Intellij。

2. 配置 Spark 应用开发环境

1）用户在 Intellij IDEA 中创建 Scala Project, SparkTest。

2）选择菜单中的"File"→"project structure"→"Libraries"命令，单击"+"，导入"spark-assembly_2.10-1.0.0-incubating-hadoop2.2.0.jar"。

只需导入该 jar 包，该包可以通过在 Spark 的源码工程下执行"sbt/sbt assembly"命令生成，这个命令相当于将 Spark 的所有依赖包和 Spark 源码打包为一个整体。

在"assembly/target/scala-2.10.4/"目录下生成：spark-assembly-1.0.0-incubating-hadoop2.2.0.jar。

3）如果 IDE 无法识别 Scala 库，则需要以同样方式将 Scala 库的 jar 包导入。之后就可以开始开发 Spark 程序。如图 2-2 所示，本例将 Spark 默认的示例程序 SparkPi 复制到文件。

图 2-1　输入 "Scala" 搜索插件

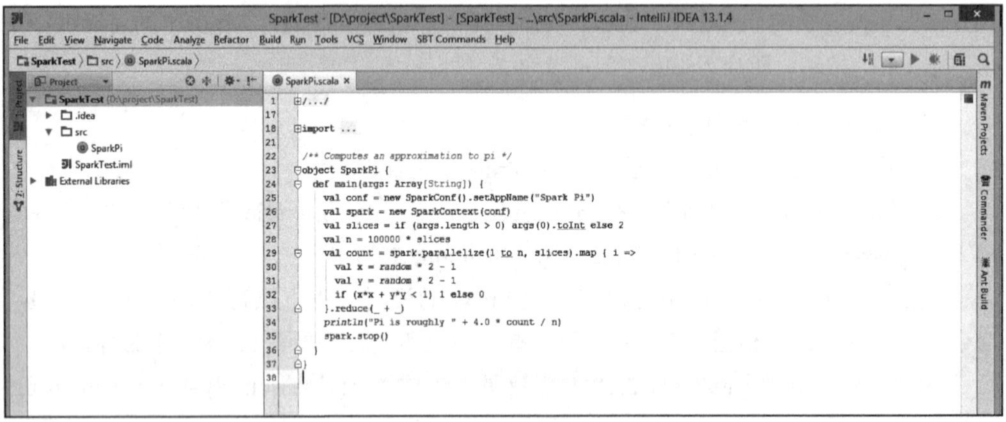

图 2-2　编写程序

3. 运行 Spark 程序

（1）本地运行

编写完 scala 程序后，可以直接在 Intellij 中，以本地 Local 模式运行（如图 2-3 所示），方法如下。

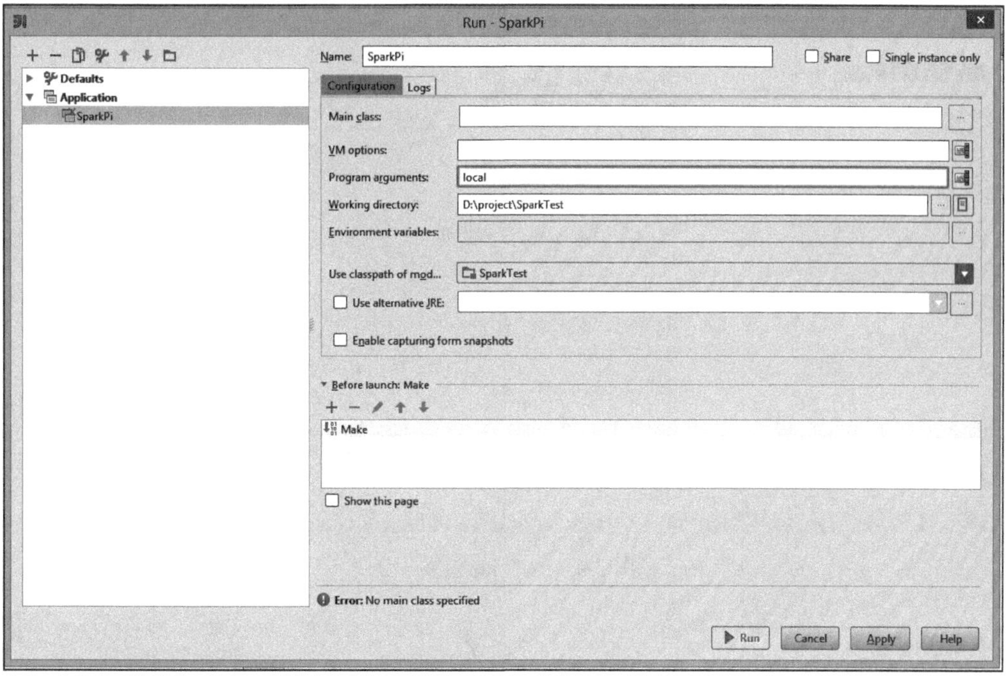

图 2-3　以 local 模式运行

在 Intellij 中的选择"Run"→"Debug Configuration"→"Edit Configurations"命令。在"Program arguments"文本框中输入 main 函数的输入参数 local。然后右键选择需要运行的类，单击"Run"按钮运行。

（2）集群上运行 Spark 应用 jar 包

如果想把程序打成 jar 包，通过命令行的形式运行在 Spark 集群中，并按照以下步骤操作。

1）选择"File"→"Project Structure"，在弹出的对话框中选择"Artifact"→"Jar"→"From Modules with dependencies"命令。

2）在选择"From Modules with dependencies"之后弹出的对话框中，选择 Main 函数，同时选择输出 jar 位置，最后单击"OK"按钮。

具体如图 2-4 ~ 图 2-6 所示。

在图 2-5 中选择需要执行的 Main 函数。

在图 2-6 界面选择依赖的 jar 包。

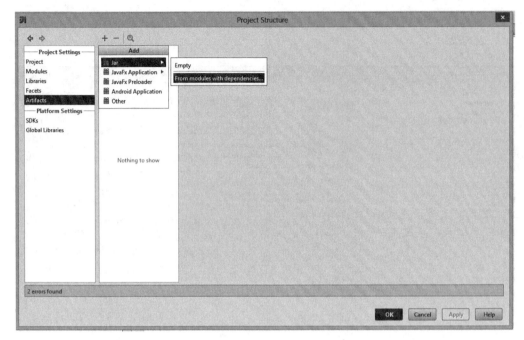

图 2-4　生成 jar 包第一步

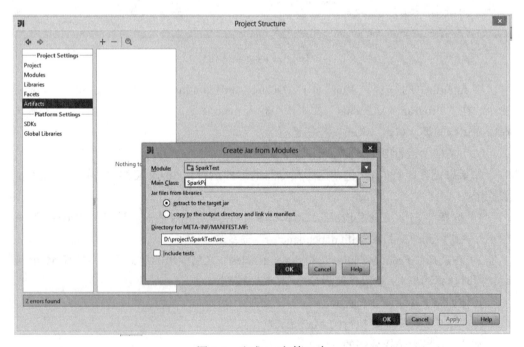

图 2-5　生成 jar 包第二步

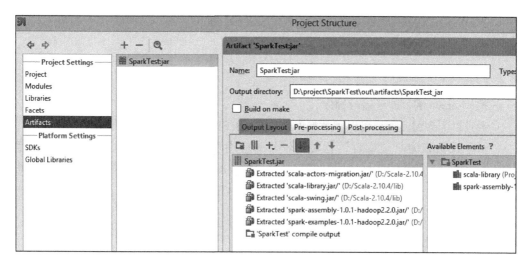

图 2-6　生成 jar 包第三步

在主菜单选择"Build"→"Build Artifact"命令，编译生成 jar 包。

3）将生成的 jar 包 SparkTest. jar 在集群的主节点，通过下面命令执行：

```
java -jar SparkTest.jar
```

用户可以通过上面的流程和方式通过 Intellij 作为集成开发环境进行 Spark 程序的开发。

2.1.2　使用 SparkShell 进行交互式数据分析

如果是运行 Spark Shell，那么会默认创建一个 SparkContext，命名为 sc，所以不需要在 Spark Shell 创建新的 SparkContext，SparkContext 是应用程序的上下文，调度整个应用并维护元数据信息。在运行 Spark Shell 之前，可以设定参数 MASTER，将 Spark 应用提交到 MASTER 指向的相应集群或者本地模式执行，集群方式运行的作业将会分布式地运行，本地模式执行的作业将会通过单机多线程方式运行。可以通过参数 ADD_JARS 把 JARS 添加到 classpath，用户可以通过这种方式添加所需的第三方依赖库。

如果想 spakr-shell 在本地 4 核的 CPU 运行，需要如下方式启动：

```
$MASTER=local[4] ./spark-shell
```

这里的 4 是指启动 4 个工作线程。

如果要添加 JARS，代码如下：

```
$MASTER=local[4]  ADD_JARS=code.jar ./spark-shell
```

在 spark-shell 中，输入下面代码，读取 dir 文件：

```
scala>val text=sc.textFile("dir")
```

输出文件中有多少数据项，则可用：

```
scala>text.count
```

按 <Enter> 键，即可运行程序。

通过以上介绍，用户可以了解如何使用 Spark Shell 进行交互式数据分析。

对于逻辑较为复杂或者运行时间较长的应用程序，用户可以通过本地 Intellij 等 IDE 作为集成开发环境进行应用开发与打包，最终提交到集群执行。对于执行时间较短的交互式分析作业，用户可以通过 Spark Shell 进行相应的数据分析。

2.2 远程调试 Spark 程序

本地调试 Spark 程序和传统的调试单机的 Java 程序基本一致，读者可以参照原来的方式进行调试，关于单机调试本书暂不赘述。对于远程调试服务器上的 Spark 代码，首先请确保在服务器和本地的 Spark 版本一致。需要按前文介绍预先安装好 JDK 和 Git。

（1）编译 Spark

在服务器端和本地计算机下载 Spark 项目。

通过下面的命令克隆一份 Spark 源码：

```
git clone https://github.com/apache/spark
```

然后针对指定的 Hadoop 版本进行编译：

```
SPARK_HADOOP_VERSION=2.3.0 sbt/sbt assembly
```

（2）在服务器端的配置

1）根据相应的 Spark 配置指定版本的 Hadoop，并启动 Hadoop。

2）对编译好的 Spark 进行配置，在 conf/spark-env.sh 文件中进行如下配置：

```
export SPARK_JAVA_OPTS="-agentlib:jdwp=transport=dt_socket,server=y,suspen
d=y,address=9999"
```

其中"suspend=y"设置为需要挂起的模式。这样，当启动 Spark 的作业时候程序会自动挂起，等待本地的 IDE 附加（Attach）到被调试的应用程序上。address 是开放等待连接的端口号。

（3）启动 Spark 集群和应用程序

1）启动 Spark 集群：

```
./sbin/start-all.sh
```

2）启动需要调试的程序，以 Spark 中自带的 HdfsWordCount 为例：

```
MASTER=spark://10.10.1.168:7077
./bin/run-example
org.apache.spark.examples.streaming.HdfsWordCount
hdfs://localhost:9000/test/test.txt
```

3）如图 2-7 所示，执行后程序会挂起并等待本地的 Intellij 进行连接，并显示"Listening for transport dt_socket at address: 9999"：

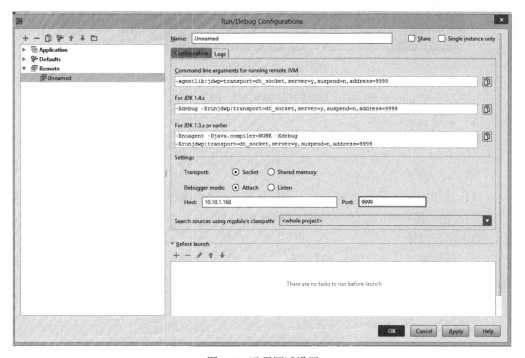

图 2-7　远程调试

（4）本地 IDE 配置

1）配置并连接服务器端挂起的程序。

在 Intellij 中选择"run"→"edit configuration"→"remote"命令，在弹出的对话框中将默认配置中的端口号和 IP 改为服务器的地址，同时选择附加（Attach）方式，如图 2-8 所示。

图 2-8　远程调试设置

2）在"Run/Debug Configurations"对话框中填入需要连接的主机名和端口号以及其他参数，如图 2-8 所示。

3）在程序中设置断点进行调试。

通过上面的介绍，用户可以了解如何进行远程调试。对于单机调试方式则和日常开发的单机程序一样，常用方式是设置单机调试断点之后再进行调试，在这里并不再展开介绍。

2.3 Spark 编译

用户可以通过 Spark 的默认构建工具 SBT 进行源码的编译和打包。当用户需要对源码进行二次开发时，则需要对源码进行增量编译，通过下面的方式读者可以实现编译和增量编译。

（1）克隆 Spark 源码

可通过克隆的方式克隆 Spark 源码，如图 2-9 所示。

```
git clone https://github.com/apache/spark
```

```
source]$ git clone https://github.com/apache/spark
Initialized empty Git repository in /home/hucheng/yanjie/source/spark/.git/
remote: Counting objects: 119763, done.
remote: Compressing objects: 100% (50/50), done.
remote: Total 119763 (delta 16), reused 64 (delta 16)
Receiving objects: 100% (119763/119763), 73.20 MiB | 3.20 MiB/s, done.
Resolving deltas: 100% (54923/54923), done.
```

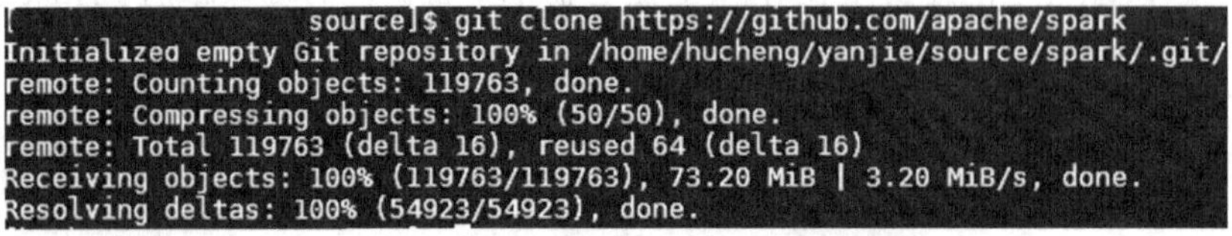

图 2-9　git clone Spark 库

这样将会从 github 将 Spark 源码下载到本地，建立本地的仓库。

（2）编译 Spark 源码

在 Spark 项目的根目录内执行编译和打包命令（如图 2-10 所示）。

```
sbt/sbt assembly
```

执行过程中会解析依赖和下载需要的依赖 jar 包。执行完成后会将所有 jar 包打包为一个 jar 包，用户便可以运行 Spark 集群和示例了。

（3）增量编译

在有些情况下，用户需要修改源码，修改之后如果每次都重新下载 jar 包或者对全部源码重新编译一遍，会很浪费时间，用户通过下面的增量编译方法，可以只对改变的源码进行编译。

编译打包一个 assembly 的 jar 包。

```
$ sbt/sbt clean assembly
```

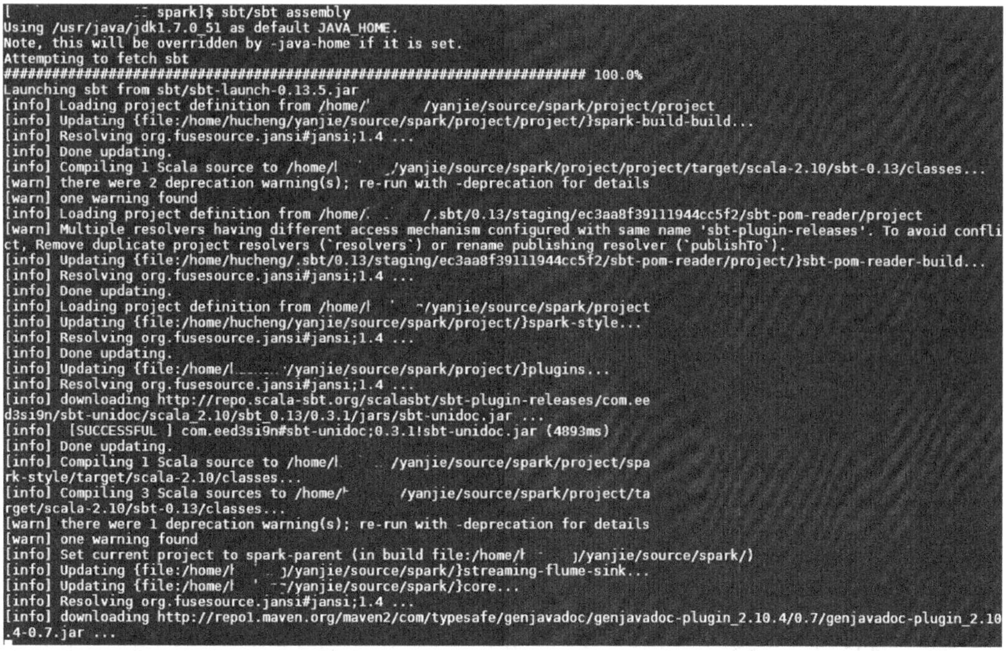

图 2-10　编译 Spark 源码

这时的 Spark 程序已经可以运行。用户可以进入 spark-shell 执行程序。

```
$ ./bin/spark-shell
```

配置 export SPARK_PREPEND_CLASSES 参数为 true，开启增量编译模式。

```
$ export SPARK_PREPEND_CLASSES=true
```

继续使用 spark-shell 中的程序：

```
$ ./bin/spark-shell
```

这时用户可以对代码进行修改和二次开发：初始开发 Spark 应用，之后编译。
编译 Spark 源码：

```
$ sbt/sbt compile
```

继续开发 Spark 应用，之后编译。

```
$ sbt/sbt compile
```

解除增量编译模式：

```
$ unset SPARK_PREPEND_CLASSES
```

返回正常使用 spark-shell 的情景。

```
$ ./bin/spark-shell # Back to normal, using Spark classes from the assembly
Jar
```

如果用户不想每次都开启一个新的 SBT 会话，可以在 compile 命令前加上 ~。

```
$ sbt/sbt ~ compile
```

（4）查看 Spark 源码依赖图

如果使用 SBT 进行查看依赖图（如图 2-11 所示），用户需要运行下面的命令：

```
$ # sbt
$ sbt/sbt dependency-tree
```

如果使用 Maven 进行查看依赖图（如图 2-11 所示），用户需要运行下面的命令：

```
$ # Maven
$ mvn -DskipTests install
$ mvn dependency:tree
```

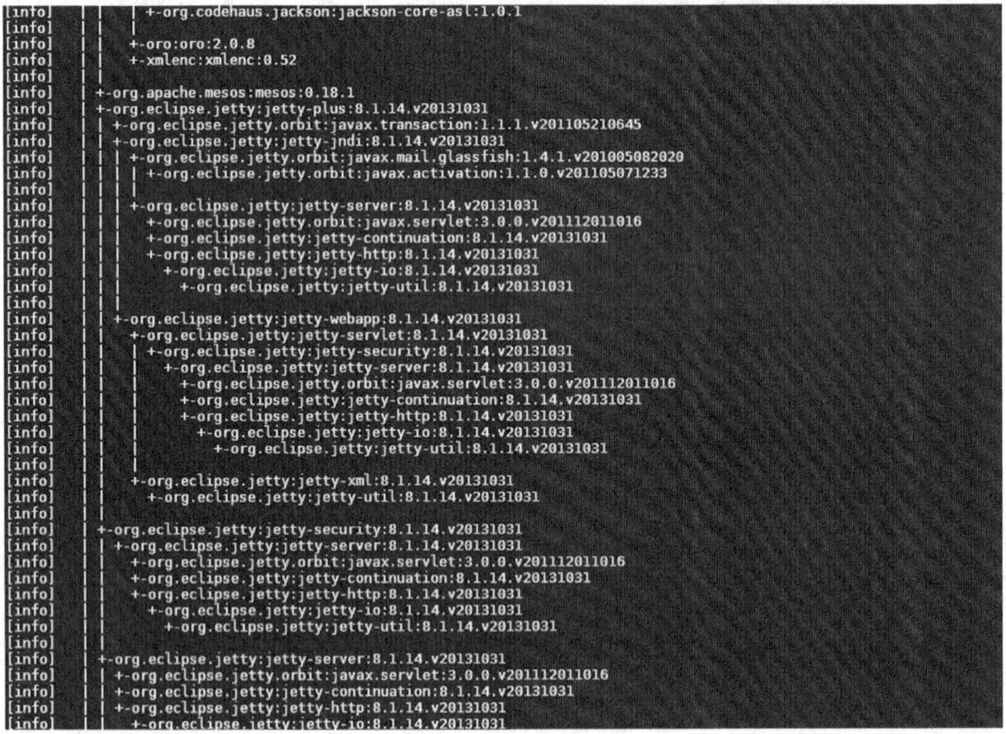

```
[info]  | |   | +-org.codehaus.jackson:jackson-core-asl:1.0.1
[info]  | |   |
[info]  | |   +-oro:oro:2.0.8
[info]  | |   +-xmlenc:xmlenc:0.52
[info]  | |
[info]  | +-org.apache.mesos:mesos:0.18.1
[info]  | +-org.eclipse.jetty:jetty-plus:8.1.14.v20131031
[info]  | | +-org.eclipse.jetty.orbit:javax.transaction:1.1.1.v201105210645
[info]  | | +-org.eclipse.jetty:jetty-jndi:8.1.14.v20131031
[info]  | | | +-org.eclipse.jetty.orbit:javax.mail.glassfish:1.4.1.v201005082020
[info]  | | | | +-org.eclipse.jetty.orbit:javax.activation:1.1.0.v201105071233
[info]  | | | |
[info]  | | | +-org.eclipse.jetty:jetty-server:8.1.14.v20131031
[info]  | | |   +-org.eclipse.jetty.orbit:javax.servlet:3.0.0.v201112011016
[info]  | | |   +-org.eclipse.jetty:jetty-continuation:8.1.14.v20131031
[info]  | | |   +-org.eclipse.jetty:jetty-http:8.1.14.v20131031
[info]  | | |     +-org.eclipse.jetty:jetty-io:8.1.14.v20131031
[info]  | | |       +-org.eclipse.jetty:jetty-util:8.1.14.v20131031
[info]  | | |
[info]  | | +-org.eclipse.jetty:jetty-webapp:8.1.14.v20131031
[info]  | |   +-org.eclipse.jetty:jetty-servlet:8.1.14.v20131031
[info]  | |   | +-org.eclipse.jetty:jetty-security:8.1.14.v20131031
[info]  | |   |   +-org.eclipse.jetty:jetty-server:8.1.14.v20131031
[info]  | |   |     +-org.eclipse.jetty.orbit:javax.servlet:3.0.0.v201112011016
[info]  | |   |     +-org.eclipse.jetty:jetty-continuation:8.1.14.v20131031
[info]  | |   |     +-org.eclipse.jetty:jetty-http:8.1.14.v20131031
[info]  | |   |       +-org.eclipse.jetty:jetty-io:8.1.14.v20131031
[info]  | |   |         +-org.eclipse.jetty:jetty-util:8.1.14.v20131031
[info]  | |   |
[info]  | |   +-org.eclipse.jetty:jetty-xml:8.1.14.v20131031
[info]  | |     +-org.eclipse.jetty:jetty-util:8.1.14.v20131031
[info]  | |
[info]  | +-org.eclipse.jetty:jetty-security:8.1.14.v20131031
[info]  | | +-org.eclipse.jetty:jetty-server:8.1.14.v20131031
[info]  | |   +-org.eclipse.jetty.orbit:javax.servlet:3.0.0.v201112011016
[info]  | |   +-org.eclipse.jetty:jetty-continuation:8.1.14.v20131031
[info]  | |   +-org.eclipse.jetty:jetty-http:8.1.14.v20131031
[info]  | |     +-org.eclipse.jetty:jetty-io:8.1.14.v20131031
[info]  | |       +-org.eclipse.jetty:jetty-util:8.1.14.v20131031
[info]  | |
[info]  | +-org.eclipse.jetty:jetty-server:8.1.14.v20131031
[info]  | | +-org.eclipse.jetty.orbit:javax.servlet:3.0.0.v201112011016
[info]  | | +-org.eclipse.jetty:jetty-continuation:8.1.14.v20131031
[info]  | | +-org.eclipse.jetty:jetty-http:8.1.14.v20131031
[info]  | |   +-org.eclipse.jetty:jetty-io:8.1.14.v20131031
```

图 2-11　查看依赖图

2.4　配置 Spark 源码阅读环境

由于 Spark 使用 SBT 作为项目管理构建工具，SBT 的配置文件中配置了依赖的 jar 包网络路径，在编译或者生成指定类型项目时需要从网络下载 jar 包。需要用户预先安装 git。在 Linux 操作系统或者 Windows 操作系统上（用户可以下载 Git Shell，在 Git Shell 中进行命令行操作）通过"sbt/sbt gen-idea"命令，生成 Intellij 项目文件，然后在 Intellij IDE 中直接通过"Open Project"打开项目。

克隆 Spark 源码：

```
git clone https://github.com/apache/spark。
```

在所需要的软件安装好后在 spark 源代码根目录下，输入以下命令生成 Intellij 项目：

```
sbt/sbt gen-idea
```

这样 SBT 会自动下载依赖包和进行源文件编译以及生成 Intellij 所需要的项目文件。

2.5　本章小结

本章首先介绍了 Spark 应用程序的开发流程以及如何编译和调试 Spark 程序。用户可以选用对 Scala 项目能够很好支持的 Intellij IDE。如果用户想深入了解 Spark，以及诊断问题，建议读者配置好源码阅读环境，进行源码分析。

通过本章的介绍，读者可以进行 Spark 开发环境的搭建，以及程序的开发，后续将介绍 Spark 的生态系统 BDAS。

Chapter 3 第3章

BDAS 简介

提到 Spark 不得不说伯克利大学 AMPLab 开发的 BDAS（Berkeley Data Analytics Stack）数据分析的软件栈，如图 3-1 所示是其中的 Spark 生态系统。其中用内存分布式大数据计算引擎 Spark 替代原有的 MapReduce，上层通过 Spark SQL 替代 Hive 等 SQL on Hadoop 系统，Spark Streaming 替换 Storm 等流式计算框架，GraphX 替换 GraphLab 等大规模图计算框架，MLlib 替换 Mahout 等机器学习框架等，其整体框架基于内存计算解决了原来 Hadoop 的性能瓶颈问题。AmpLab 提出 One Framework to Rule Them All 的理念，用户可以利用 Spark 一站式构建自己的数据分析流水线。

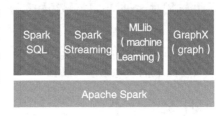

图 3-1　Spark 生态系统

在一些数据分析应用中，用户可以使用 Spark SQL 预处理结构化数据，GraphX 预处理图数据，Spark Streaming 实时捕获和处理流数据，最终通过 MLlib 将数据融合，进行模型训练，底层各个系统通过 Spark 进行运算。

下面将介绍其中主要的项目。

3.1　SQL on Spark [⊖]

AMPLab 将大数据分析负载分为三大类型：批量数据处理、交互式查询、实时流

⊖　参考文章：高彦杰，陈冠诚 Spark SQL：基于内存的大数据分析引擎《程序员》2014.8

处理。而其中很重要的一环便是交互式查询。大数据分析栈中需要满足用户 ad-hoc、reporting、iterative 等类型的查询需求，也需要提供 SQL 接口来兼容原有数据库用户的使用习惯，同时也需要 SQL 能够进行关系模式的重组。完成这些重要的 SQL 任务的便是 Spark SQL 和 Shark 这两个开源分布式大数据查询引擎，它们可以理解为轻量级 Hive SQL 在 Spark 上的实现，业界将该类技术统称为 SQL on Hadoop。

在 Spark 峰会 2014 上，Databricks 宣布不再支持 Shark 的开发，全力以赴开发 Shark 的下一代技术 Spark SQL，同时 Hive 社区也启动了 Hive on Spark 项目，将 Spark 作为 Hive（除 MapReduce 和 Tez 之外的）新执行引擎。根据伯克利的 Big Data Benchmark 测试对比数据，Shark 的 In Memory 性能可以达到 Hive 的 100 倍，即使是 On Disk 也能达到 10 倍的性能提升，是 Hive 强有力的替代解决方案。而作为 Shark 的进化版本的 Spark SQL，在 AMPLab 最新的测试中的性能已经超过 Shark。图 3-2 展示了 Spark SQL 和 Hive on Spark 是新的发展方向。

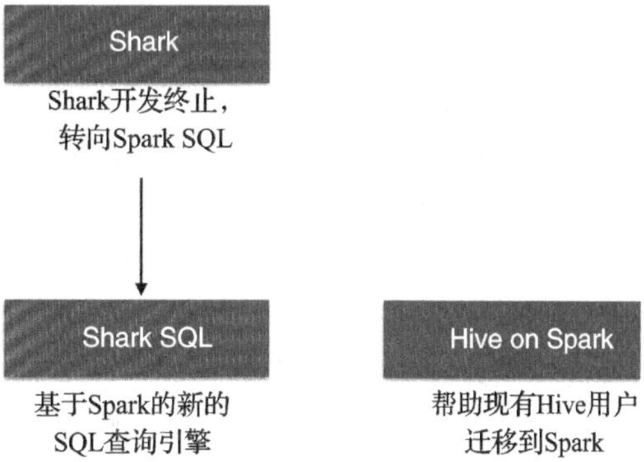

图 3-2 Spark SQL 和 Hive on Spark 是新的发展方向

3.1.1 为什么使用 Spark SQL

由于 Shark 底层依赖于 Hive，这个架构的优势是对传统 Hive 用户可以将 Shark 无缝集成进现有系统运行查询负载。但是也看到一些问题：随着版本升级，查询优化器依赖于 Hive，不方便添加新的优化策略，需要进行另一套系统的学习和二次开发，学习成本很高。另一方面，MapReduce 是进程级并行，例如：Hive 在不同的进程空间会使用一些静态变量，当在同一进程空间进行多线程并行执行，多线程同时写同名称的静态变量会产生一致性问题，所以 Shark 需要使用另外一套独立维护的 Hive 源码分支。而为了解决这个问题 AMPLab 和 Databricks 利用 Catalyst 开发了 Spark SQL。

Spark 的全栈解决方案为用户提供了多样的数据分析框架，机器学习、图计算、流计算如火如荼的发展和流行吸引了大批的学习者，为什么人们今天还是要重视在大数据环境下使用 SQL 呢？笔者认为主要有以下几点原因：

1）易用性与用户惯性。在过去的很多年中，有大批的程序员的工作是围绕着数据库 + 应用的架构来做的，因为 SQL 的易用性提升了应用的开发效率。程序员已经习惯了业务逻辑代码调用 SQL 的模式去写程序，惯性的力量是强大的，如果还能用原有的方式解决现有的大数据问题，何乐而不为呢？提供 SQL 和 JDBC 的支持会让传统用户像以前一样地书写程序，大大减少迁移成本。

　　2）生态系统的力量。很多系统软件性能好，但是未取得成功和没落，很大程度上因为生态系统问题。传统的 SQL 在 JDBC、ODBC、SQL 的各种标准下形成了一整套成熟的生态系统，很多应用组件和工具可以迁移使用，像一些可视化的工具、数据分析工具等，原有企业的 IT 工具可以无缝过渡。

　　3）数据解耦，Spark SQL 正在扩展支持多种持久化层，用户可以使用原有的持久化层存储数据，但是也可以体验和迁移到 Spark SQL 提供的数据分析环境下进行 Big Data 的分析。

3.1.2　Spark SQL 架构分析

　　Spark SQL 与传统 DBMS 的查询优化器 + 执行器的架构较为类似，只不过其执行器是在分布式环境中实现，并采用的 Spark 作为执行引擎。Spark SQL 的查询优化是 Catalyst，其基于 Scala 语言开发，可以灵活利用 Scala 原生的语言特性很方便进行功能扩展，奠定了 Spark SQL 的发展空间。Catalyst 将 SQL 语言翻译成最终的执行计划，并在这个过程中进行查询优化。这里和传统不太一样的地方就在于，SQL 经过查询优化器最终转换为可执行的查询计划是一个查询树，传统 DB 就可以执行这个查询计划了。而 Spark SQL 最后执行还是会在 Spark 内将这棵执行计划树转换为 Spark 的有向无环图 DAG 再执行。

1. Catalyst 架构及执行流程分析

　　如图 3-3 所示为 Catalyst 的整体架构。

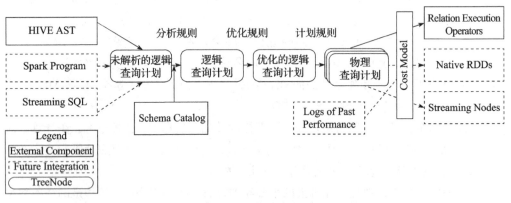

规则分析，优化，查询计划的各个阶段

图 3-3　Spark SQL 查询引擎 Catalyst 的架构

　　从图 3-3 中可以看到整个 Catalyst 是 Spark SQL 的调度核心，遵循传统数据库的查询解析步骤，对 SQL 进行解析，转换为逻辑查询计划、物理查询计划，最终转换为 Spark 的 DAG 后再执行。图 3-4 为 Catalyst 的执行流程。

SqlParser 将 SQL 语句转换为逻辑查询计划，Analyzer 对逻辑查询计划进行属性和关系关联检验，之后 Optimizer 通过逻辑查询优化将逻辑查询计划转换为优化的逻辑查询计划，QueryPlanner 将优化的逻辑查询计划转换为物理查询计划，prepareForExecution 调整数据分布，最后将物理查询计划转换为执行计划进入 Spark 执行任务。

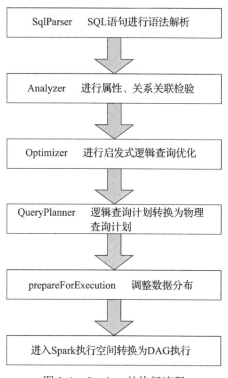

图 3-4　Catalyst 的执行流程

2. Spark SQL 优化策略

查询优化是传统数据库中最为重要的一环，这项技术在传统数据库中已经很成熟。除了查询优化，Spark SQL 在存储上也进行了优化，从以下几点查看 Spark SQL 的一些优化策略。

（1）内存列式存储与内存缓存表

Spark SQL 可以通过 cacheTable 将数据存储转换为列式存储，同时将数据加载到内存进行缓存。cacheTable 相当于在分布式集群的内存物化视图，将数据进行缓存，这样迭代的或者交互式的查询不用再从 HDFS 读数据，直接从内存读取数据大大减少了 I/O 开销。列式存储的优势在于 Spark SQL 只需要读出用户需要的列，而不需要像行存储那样需要每次将所有列读出，从而大大减少内存缓存数据量，更高效地利用内存数据缓存，同时减少网络传输和 I/O 开销。数据按照列式存储，由于是数据类型相同的数据连续存储，能够利用序列化和压缩减少内存空间的占用。

（2）列存储压缩

为了减少内存和硬盘空间占用，Spark SQL 采用了一些压缩策略对内存列存储数据进行压缩。Spark SQL 的压缩方式要比 Shark 丰富很多，例如它支持 PassThrough，RunLengthEncoding, DictionaryEncoding, BooleanBitSet, IntDelta, LongDelta 等多种压缩方式。这样能够大幅度减少内存空间占用和网络传输开销和 I/O 开销。

（3）逻辑查询优化

Spark SQL 在逻辑查询优化（如图 3-5 所示）上支持列剪枝、谓词下压、属性合并等逻辑查询优化方法。列剪枝为了减少读取不必要的属性列，减少数据传输和计算开销，在查询优化器进行转换的过程中会进行列剪枝的优化。

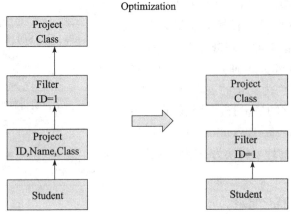

图 3-5　逻辑查询优化

下面介绍一个逻辑优化例子：

```
SELECT Class FROM (SELECT ID,Name,Class  FROM STUDENT ) S WHERE S.ID=1
```

Catalyst 将原有查询通过谓词下压，将选择操作 ID=1 优先执行，这样过滤大部分数据，通过属性合并将最后的投影只做一次最终保留 Class 属性列。

（4）Join 优化

Spark SQL 深度借鉴传统数据库查询优化技术的精髓，同时也在分布式环境下进行特定的优化策略调整和创新。Spark SQL 对 Join 进行了优化支持多种连接算法，现在的连接算法已经比 Shark 丰富，而且很多原来 Shark 的元素也逐步迁移过来。例如：BroadcastHashJoin、BroadcastNestedLoopJoin、HashJoin、LeftSemiJoin，等等。

下面介绍一个其中的 BroadcastHashJoin 算法思想。

BroadcastHashJoin 将小表转化为广播变量进行广播，这样避免 Shuffle 开销，最后在分区内做 Hash 连接。这里用的就是 Hive 中 Map Side Join 的思想。同时用了 DBMS 中的 Hash 连接算法做连接。

随着 Spark SQL 的发展，未来会有更多的查询优化策略加入进来。同时后续 Spark SQL 会支持像 Shark Server 一样的服务端、JDBC 接口、兼容更多的持久化层例如 NoSQL，传统的 DBMS 等。一个强有力的结构化大数据查询引擎正在崛起。

3. 如何使用 Spark SQL

```
val sqlContext = new org.apache.spark.sql.SQLContext(sc)
// 在这里引入 sqlContext 下所有的方法就可以直接用 sql 方法进行查询
import sqlContext._
case class Person(name: String, age: Int)
```

```
// 下面的 people 是含有 case 类型数据的 RDD，会默认由 Scala 的 implicit 机制将 RDD 转换为
  SchemaRDD，SchemaRDD 是 SparkSQL 中的核心 RDD
val people = sc.textFile("examples/src/main/resources/people.txt").map(_.
split(",")).map(p => Person(p(0), p(1).trim.toInt))
// 在内存的元数据中注册表信息，这样一个 Spark SQL 表就创建完成了
people.registerAsTable("people")
// sql 语句就会触发上面分析的 Spark SQL 的执行过程，读者可以参考上面的图示
val teenagers = sql("SELECT name FROM people WHERE age >= 13 AND age <= 19")
// 最后生成 teenagers 也是一个 RDD
teenagers.map(t =>"Name: " + t(0)).collect().foreach(println)
```

通过之前的介绍，读者对支撑结构化数据分析任务的 Spark SQL 的原理与使用有了一定的了解。在生产环境中，有一类数据分析任务对响应延迟要求高，需要实时处理流数据，在 BDAS 中，Spark Streaming 用于支撑大规模流式处理分析任务。

3.2　Spark Streaming

Spark Streaming 是一个批处理的流式计算框架。它的核心执行引擎是 Spark，适合处理实时数据与历史数据混合处理的场景，并保证容错性。下面将对 Spark Streaming 进行详细的介绍。

3.2.1　Spark Streaming 简介

Spark Streaming 是构建在 Spark 上的实时计算框架，扩展了 Spark 流式大数据处理能力。Spark Streaming 将数据流以时间片为单位进行分割形成 RDD，使用 RDD 操作处理每一块数据，每块数据（也就是 RDD）都会生成一个 Spark Job 进行处理，最终以批处理的方式处理每个时间片的数据。请参照图 3-6。

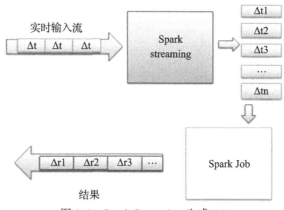

图 3-6　Spark Streaming 生成 Job

Spark Streaming 编程接口和 Spark 很相似。在 Spark 中，通过在 RDD 上用 Transformation（例如：map, filter 等）和 Action（例如：count, collect 等）算子进行运算。在 Spark Streaming 中通过在 DStream（表示数据流的 RDD 序列）上进行算子运算。图 3-7 为 Spark Streaming 转化过程。

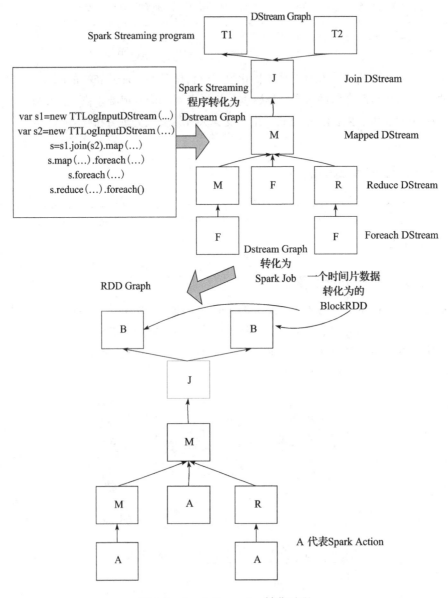

图 3-7　Spark Streaming 转化过程

图 3-7 中 Spark Streaming 将程序中对 DStream 的操作转换为 DStream 有向无环图（DAG）。对每个时间片，DStream DAG 会产生一个 RDD DAG。在 RDD 中通过 Action 算子触发一个 Job，然后 Spark Streaming 会将 Job 提交给 JobManager。JobManager 会将 Job 插入维护的 Job 队列，然后 JobManager 会将队列中的 Job 逐个提交给 Spark DAGScheduler，然后 Spark 会调度 Job 并将 Task 分发到各节点的 Executor 上执行。

（1）优势及特点

1）多范式数据分析管道：能和 Spark 生态系统其他组件融合，实现交互查询和机器学习等多范式组合处理。

2）扩展性：可以运行在 100 个节点以上的集群，延迟可以控制在秒级。

3）容错性：使用 Spark 的 Lineage 及内存维护两份数据进行备份达到容错。RDD 通过 Lineage 记录下之前的操作，如果某节点在运行时出现故障，则可以通过冗余备份数据在其他节点重新计算得到。

对于 Spark Streaming 来说，其 RDD 的 Lineage 关系如图 3-8 所示，图中的每个长椭圆形表示一个 RDD，椭圆中的每个圆形代表一个 RDD 中的一个分区（Partition），图中的每一列的多个 RDD 表示一个 DStream（图中有 3 个 DStream），t=1 和 t=2 代表不同的分片下的不同 RDD DAG。图中的每一个 RDD 都是通过 Lineage 相连接形成了 DAG，由于 Spark Streaming 输入数据可以来自于磁盘，例如 HDFS（通常由三份副本）也可以来自于网络（Spark Streaming 会将网络输入数据的每一个数据流复制两份到其他的机器）都能通过冗余数据及 Lineage 的重算机制保证容错性。所以 RDD 中任意的 Partition 出错，都可以并行地在其他机器上将缺失的 Partition 重算出来。

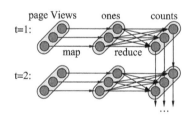

图 3-8　Spark Streaming 容错性

4）吞吐量大：将数据转换为 RDD，基于批处理的方式，提升数据处理吞吐量。图 3-9 是 Berkeley 利用 WordCount 和 Grep 两个用例所做的测试。

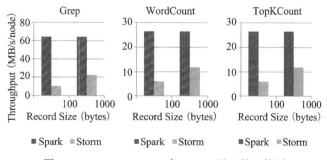

图 3-9　Spark Streaming 与 Storm 吞吐量比较图

5）实时性：Spark Streaming 也是一个实时计算框架，Spark Streaming 能够满足除对实时性要求非常高（例如：高频实时交易）之外的所有流式准实时计算场景。目前 Spark Streaming 最小的 Batch Size 的选取在 0.5 ~ 2s（对比：Storm 目前最小的延迟是 100ms 左右）。

（2）适用场景

Spark Streaming 适合需要历史数据和实时数据结合进行分析的应用场景，对于实时性要求不是特别高的场景也能够胜任。

3.2.2 Spark Streaming 架构

通过图 3-10，读者可以对 Spark Streaming 的整体架构有宏观把握。

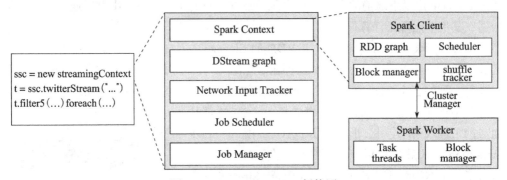

图 3-10 Spark Streaming 架构图

组件介绍：

❑ Network InputTracker：通过接收器接收流数据，并将流数据映射为输入 DStream。

❑ Job Scheduler：周期性地查询 DStream 图，通过输入的流数据生成 Spark Job，将 Spark Job 提交给 Job Manager 进行执行。

❑ JobManager：维护一个 Job 队列，将队列中的 Job 提交到 Spark 进行执行。

通过图 3-10 可以看到 D-Stream Lineage Graph 进行整体的流数据的 DAG 图调度，Taskscheduler 负责具体的任务分发，Block tracker 进行块管理。在从节点，如果是通过网络输入的流数据会将数据存储两份进行容错。Input receiver 源源不断地接收输入流，Task execution 负责执行主节点分发的任务，Block manager 负责块管理。Spark Streaming 整体架构和 Spark 很相近，很多思想是可以迁移理解的。

3.2.3 Spark Streaming 原理剖析

下面将由一个 example 示例，通过源码呈现 Spark Streaming 的底层机制。

1. 初始化与接收数据

Spark Streaming 通过分布在各个节点上的接收器，缓存接收到的流数据，并将数据包装成 Spark 能够处理的 RDD 的格式，输入到 Spark Streaming，之后由 Spark Streaming 将作业提交到 Spark 集群进行执行，如图 3-11 所示。

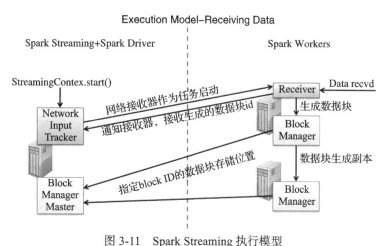

图 3-11 Spark Streaming 执行模型

初始化的过程主要可以概括为两点。

1）调度器的初始化。

调度器调度 Spark Streaming 的运行，用户可以通过配置相关参数进行调优。

2）将输入流的接收器转化为 RDD 在集群进行分布式分配，然后启动接收器集合中的每个接收器。

针对不同的数据源，Spark Streaming 提供了不同的数据接收器，分布在各个节点上的每个接收器可以认为是一个特定的进程，接收一部分流数据作为输入。

用户也可以针对自身生产环境状况，自定义开发相应的数据接收器。

如图 3-12 所示，接收器分布在各个节点上。通过下面代码，创建并行的、在不同 Worker 节点分布的 receiver 集合。

```
val tempRDD =
if (hasLocationPreferences) {
val receiversWithPreferences = receivers.map(r => (r,
Seq(r.preferredLocation.get)))
ssc.sc.makeRDD[Receiver[_]](receiversWithPreferences)
        } else {
// 在这里创造 RDD 相当于进入 SparkContext.makeRDD
// 此处将 receivers 的集合作为一个 RDD 进行分区 RDD[Receiver]
// 即使是只有一个输入流，按照这个分布式也是流的输入端在 worker 而不再 Master
...
```

```
// 将 receivers 的集合打散，然后启动它们
...
ssc.sparkContext.runJob(tempRDD, startReceiver)
...
    }
```

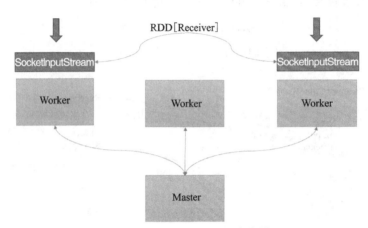

图 3-12 Spark Streaming 接收器

2. 数据接收与转化

在"初始化与接收数据"部分中已经介绍过，receiver 集合转换为 RDD，在集群上分布式地接收数据流。那么每个 receiver 是怎样接收并处理数据流的呢？读者可以通过图 3-13，对输入流的处理有一个全面的了解。图 3-13 为 Spark Streaming 数据接收与转化的示意图。

图 3-13 的主要流程如下。

1）数据缓冲：在 receiver 的 receive 函数中接收流数据，将接收到的数据源源不断地放入到 BlockGenerator.currentBuffer。

2）缓冲数据转化为数据块：在 BlockGenerator 中有一个定时器（RecurringTimer），将当前缓冲区中的数据以用户定义的时间间隔封装为一个数据块 Block，放入到 BlockGenerator 的 blocksForPush 队列中（这个队列）。

3）数据块转化为 Spark 数据块：在 BlockGenerator 中有一个 BlockPushingThread 线程，不断地将 blocksForPush 队列中的块传递给 BlockManager，让 BlockManager 将数据存储为块。BlockManager 负责 Spark 中的块管理。

4）元数据存储：在 pushArrayBuffer 方法中还会将已经由 BlockManager 存储的元数据信息（例如：Block 的 id 号）传递给 ReceiverTracker，ReceiverTracker 会将存储的 blockId 放到对应 StreamId 的队列中。

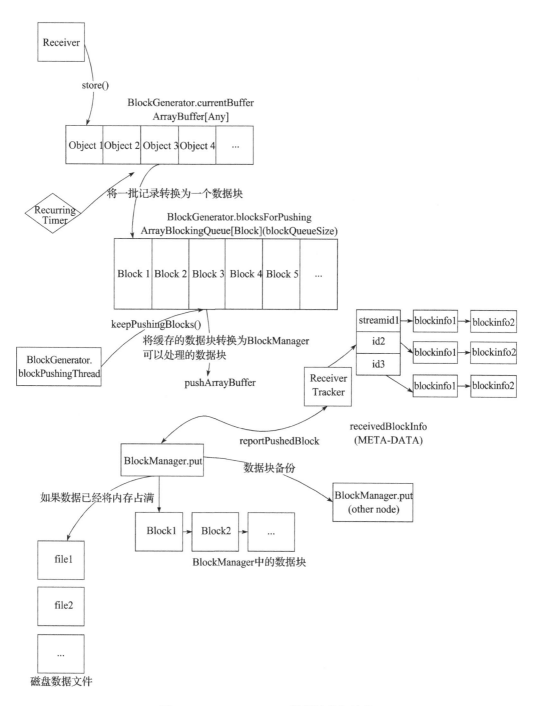

图 3-13　Spark Streaming 数据接收与转化

图中部分组件的作用如下：

❑ KeepPushingBlocks：调用此方法持续写入和保持数据块。

❑ pushArrayBuffer：调用 pushArrayBuffer 方法将数据块存储到 BlockManager 中。

❑ reportPushedBlock：存储完成后汇报数据块信息到主节点。

❑ receivedBlockInfo（Meta Data）：已经接收到的数据块元数据记录。

❑ streamId：数据流 Id。

❑ BlockInfo：数据块元数据信息。

❑ BlockManager.put：数据块存储器写入备份数据块到其他节点。

❑ Receiver：数据块接收器，接收数据块。

❑ BlockGenerator：数据块生成器，将数据缓存生成 Spark 能处理的数据块。

❑ BlockGenerator.currentBuffer：缓存网络接收的数据记录，等待之后转换为 Spark 的数据块。

❑ BlockGenerator.blocksForPushing：将一块连续数据记录暂存为数据块，待后续转换为 Spark 能够处理的 BlockManager 中的数据块（A Block As a BlockManager's Block)。

❑ BlockGenerator.blockPushingThread：守护线程负责将数据块转换为 BlockManager 中数据块。

❑ ReceiveTracker：输入数据块的元数据管理器，负责管理和记录数据块。

❑ BlockManager：Spark 数据块管理器，负责数据块在内存或磁盘的管理。

❑ RecurringTimer：时间触发器，每隔一定时间进行缓存数据的转换。

上面的过程中涉及最多的类就是 BlockGenerator，在数据转化的过程中其扮演者不可或缺的角色。

```
private[streaming] class BlockGenerator(
listener: BlockGeneratorListener,
receiverId: Int,
conf: SparkConf
  ) extends Logging
```

感兴趣的读者可以参照图中所示的类和方法进行更加具体的机制的了解。篇幅所限，对这个数据生成过程不再做具体的代码剖析。

3. 生成 RDD 与提交 Spark Job

Spark Streaming 根据时间段，将数据切分为 RDD，然后触发 RDD 的 Action 提交 Job，Job 被提交到 Job Manager 中的 Job Queue 中由 Job Scheduler 调度，之后 Job Scheduler 将 Job 提交到 Spark 的 Job 调度器，然后将 Job 转换为大量的任务分发给 Spark 集群执行，如图 3-14 所示。

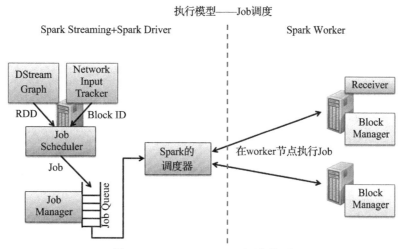

图 3-14　Spark Streaming 调度模型

Job generator 中通过下面的方法生成 Job 进行调度和执行。

从下面的代码可以看出 job 是从 outputStream 中生成的，然后再触发反向回溯执行整个 DStream DAG，类似 RDD 的机制。

```
private def generateJobs(time: Time) {
SparkEnv.set(ssc.env)
Try(graph.generateJobs(time)) match {
case Success(jobs) =>
// 获取输入数据块的元数据信息
val receivedBlockInfo = graph.getReceiverInputStreams.map { stream =>
        . . .
        }.toMap
jobScheduler.submitJobSet(JobSet(time, jobs, receivedBlockInfo))
case Failure(e) =>
jobScheduler.reportError("Error generating jobs for time " + time, e)
    }
eventActor !DoCheckpoint(time)
    }
// 下面进入 JobScheduler 的 submitJobSet 方法一探究竟，JobScheduler 是整个 Spark
    Streaming 调度的核心组件
def submitJobSet(jobSet: JobSet) {
    . . .
jobSets.put(jobSet.time, jobSet)
jobSet.jobs.foreach(job => jobExecutor.execute(new JobHandler(job)))
    . . .
    }

// 进入 Graph 生成 job 的方法，Graph 本质是 DStreamGraph 类生成的对象
final private[streaming] class DStreamGraph extends Serializable with
```

```
Logging {
def generateJobs(time: Time): Seq[Job] = {
  . . .
private val inputStreams = new ArrayBuffer[InputDStream[_]]()
private val outputStreams = new ArrayBuffer[DStream[_]]()
  . . .
val jobs = this.synchronized {
outputStreams.flatMap(outputStream => outputStream.generateJob(time))
  . . .
  }
```

// outputStreams 中的对象是 DStream，下面进入 DStream 的 generateJob 一探究竟

```
private[streaming] def generateJob(time: Time): Option[Job] = {
getOrCompute(time) match {
case Some(rdd) => {
val jobFunc = () => {
val emptyFunc = { (iterator: Iterator[T]) => {} }
```
// 此处相当于针对每个时间段生成的一个 RDD，会调用 SparkContext 的方法 runJob 提交 Spark 的一
个 Job
```
context.sparkContext.runJob(rdd, emptyFunc)
        }
Some(new Job(time, jobFunc))
      }
case None => None
    }
  }
```

// 在 DStream 算是父类，一些具体的 DStream 例如 SocketInputStream 等的类的父类可以通过
  SocketInputDStream 看是如何通过上面的 getOrCompute 生成 RDD 的
```
private[streaming] def getOrCompute(time: Time): Option[RDD[T]] = {

generatedRDDs.get(time) match {
    . . .
case None => {
if (isTimeValid(time)) {
```

// Dstream 是个父类，这里代表的是子类的 compute 方法，DStream 通过 compute 调用用户自定
  义函数。当任务执行时，同一个 stage 中的 DStream 函数会串联依次执行
```
compute(time) match {
      . . .
generatedRDDs.put(time, newRDD)
      . . .
  }
```

在 SocketInputDStream 的 compute 方法中生成了对应时间片的 RDD：

```
override def compute(validTime: Time): Option[RDD[T]] = {
if (validTime >= graph.startTime) {
val blockInfo = ssc.scheduler.receiverTracker.getReceivedBlockInfo(id)
```

```
receivedBlockInfo(validTime) = blockInfo
val blockIds = blockInfo.map(_.blockId.asInstanceOf[BlockId])
Some(new BlockRDD[T](ssc.sc, blockIds))
    } else {
Some(new BlockRDD[T](ssc.sc, Array[BlockId]()))
    }
  }
```

Spark Streaming 在保证实时处理的要求下还能够保证高吞吐与容错性。用户的数据分析中很多情况下也存在需要分析图数据,运行图算法,通过 GraphX 可以简便地开发分布式图分析算法。

3.3　GraphX

GraphX 是 Spark 中的一个重要子项目,它利用 Spark 作为计算引擎,实现了大规模图计算的功能,并提供了类似 Pregel 的编程接口。GraphX 的出现,将 Spark 生态系统变得更加完善和丰富;同时以其与 Spark 生态系统其他组件很好的融合,以及强大的图数据处理能力,在工业界得到了广泛的应用。本章主要介绍 GraphX 的架构、原理和使用方式。

3.3.1　GraphX 简介

GraphX 是常用图算法在 Spark 上的并行化实现,同时提供了丰富的 API 接口。图算法是很多复杂机器学习算法的基础,在单机环境下有很多应用案例。在大数据环境下,图的规模大到一定程度后,单机很难解决大规模的图计算,需要将算法并行化,在分布式集群上进行大规模图处理。目前,比较成熟的方案有 GraphX 和 GraphLab 等大规模图计算框架。

GraphX 的特点是离线计算、批量处理,基于同步的 BSP 模型(Bulk Synchronous Parallel Computing Model,整体同步并行计算模型),这样的优势在于可以提升数据处理的吞吐量和规模,但是会造成速度上稍逊一等。目前大规模图处理框架还有基于 MPI 模型的异步图计算模型 GraphLab 和同样基于 BSP 模型的 Graph 等。

现在和 GraphX 可以组合使用的分布式图数据库是 Neo4J。Neo4J 一个高性能的、非关系的、具有完全事务特性的、鲁棒的图数据库。另一个数据库是 Titan,Titan 是一个分布式的图形数据库,特别为存储和处理大规模图形而优化。二者均可作为 GraphX 的持久化层,存储大规模图数据。

3.3.2　GraphX 的使用简介

类似 Spark 在 RDD 上提供了一组基本操作符(如 map, filter, reduce),GraphX 同样也有针对 Graph 的基本操作符,用户可以在这些操作符传入自定义函数和通过修改图的节点属性或结构生成新的图。

　　GraphX 提供了丰富的针对图数据的操作符。Graph 类中定义了核心的、优化过的操作符。一些更加方便的由底层核心操作符组合而成的上层操作符在 GraphOps 中进行定义。正是通过 Scala 语言的 implicit 关键字，GraphOps 中定义的操作符可以作为 Graph 中的成员。这样做的目的是未来 GraphX 会支持不同类型的图，而每种类型的图的呈现必须实现核心的操作符和复用大部分的 GraphOps 中实现的操作符。

　　下面将操作符分为几个类别进行介绍。

　　（1）属性操作符

　　表 3-1 给出了 GraphX 的属性操作符。通过属性操作符，用户可以在点或边上进行相应运算，构建和开发图算法。

表 3-1　属性操作符

属性操作符	说　　明
mapVertices[VD2](map: (VertexId, VD) => VD2): Graph[VD2, ED]	使用 map 函数对图中所有顶点进行转换操作
mapEdges[ED2](map: Edge[ED] => ED2): Graph[VD, ED2]	使用 map 函数对图中所有边属性进行转换操作
mapTriplets[ED2](map: EdgeTriplet[VD, ED] => ED2): Graph[VD, ED2]	可以对边中的顶点属性或者边属性进行 map 函数转换操作

　　（2）结构操作符

　　表 3-2 所示为 GraphX 的结构操作符。通过这些操作可以生成改变图结构之后的图数据。

表 3-2　结构操作符

结构操作符	说　　明
reverse: Graph[VD, ED]	反转图中所有边的方向
subgraph(epred:EdgeTriplet[VD,ED] => Boolean,vpred: (VertexId, VD) => Boolean): Graph[VD, ED]	获取图中顶点和边满足函数条件的子图
mask[VD2, ED2](other: Graph[VD2, ED2]): Graph[VD, ED]	将本图中的所有包含在 other 图中的顶点和边保留，顶点和边的属性不变
groupEdges(merge: (ED, ED) => ED): Graph[VD,ED]	将两个顶点间的多条边合并为一条边

（3）图信息属性（见表 3-3）

表 3-3 所示为图信息属性，通过图信息属性，用户可以获取图上的统计信息。

表 3-3　图信息属性

图信息属性	说　　明
val numEdges: Long	图中边的数量
val numVertices: Long	图中顶点的数量
val inDegrees: VertexRDD[Int] val outDegrees: VertexRDD[Int] val degrees: VertexRDD[Int]	inDegrees：图中入度数量 outDegrees：图中出度数量 degrees：图中度的总数量

（4）邻接聚集操作符与 Join 操作符

表 3-4 所示为邻接聚集操作符与 Join 操作符。通过邻接操作符可以将两个相近的表进行连接。

表 3-4　邻接聚集操作符与 Join 操作符

邻接聚集操作符与 Join 操作符	说　　明
mapReduceTriplets[A](　map: EdgeTriplet[VD, ED] => Iterator[(VertexId, A)], reduce: (A, A) => A) 　: VertexRDD[A]	函数的作用是对每个顶点进行 Map Reduce 操作 　其中 map 函数将三元组数据映射为目的节点为 key 的 key-value 对，reduce 函数将同一个顶点的数据汇聚形成入度数，作为新图的顶点属性
joinVertices[U](table: RDD[(VertexId,U)])(map: (VertexId, VD, U) => VD) : Graph[VD, ED]	通过将两个图 RDD 进行 Join 连接，对连接后的结果进行 map 运算
outerJoinVertices[U,VD2](table:RDD[(VertexId,U)])(map: (VertexId, VD,Option[U]) => VD2): Graph[VD2, ED]	类似上面的 joinVertices，但是输入的 table RDD 应该保证有对应 graph 的所有 VertexId，如果没有 map 函数的输入将为 None

（5）缓存操作符

表 3-5 所示为缓存操作符。

表 3-5　缓存操作符

缓存操作符	说　　明
def cache(): Graph[VD, ED]	缓存图中的顶点和边
Defpersist(newLevel: StorageLevel= StorageLevel.MEMORY_ONLY): 　Graph[VD, ED]	用户可以指定存储级别地缓存图的顶点和边

（续）

缓存操作符	说　明
def unpersistVertices (blocking: Boolean = true): Graph[VD, ED]	不再缓存顶点，但保留边数据

3.3.3　GraphX 体系结构

1. 整体架构

GraphX 的整体架构（如图 3-15 所示）可以分为三部分。

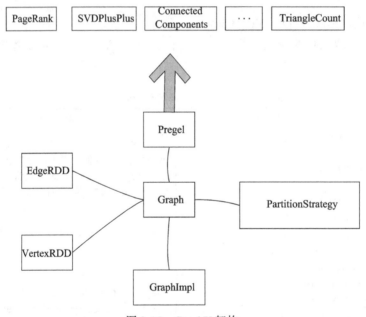

图 3-15　GraphX 架构

存储和原语层：Graph 类是图计算的核心类。内部含有 VertexRDD、EdgeRDD 和 RDD[EdgeTriplet] 引用。GraphImpl 是 Graph 类的子类，实现了图操作。

- 接口层：在底层 RDD 的基础之上实现了 Pregel 模型，BSP 模式的计算接口。
- 算法层：基于 Pregel 接口实现了常用的图算法。包括：PageRank、SVDPlusPlus、TriangleCount、ConnectedComponents、StronglyConnectedConponents 等算法。

2. 存储结构

在正式的工业级的应用中，图的规模极大，上百万个节点是经常出现的。为了提高处理速度和数据量，希望能够将图以分布式的方式来存储、处理图数据。图的分布式存储大致有两种方式，边分割（Edge Cut）和点分割（Vertex Cut），如图 3-16 所示。最早期的图计算的框架中，使用的是 Edge Cut（边分割）的存储方式。而 GraphX 的设计者考虑到真实世界中的大规模图大多是边多于点的图，所以采用点分割方式存储。点分割能够减少网络传输和存储开销。底层实现是将边放到各个节点存储，而在进行数据交换时将点在各个机器之间广播进行传输。对边进行分区和存储的算法主要基于 PartitionStrategy 中封装的分区方法。这里面的几种分区方法分别是对不同应用情景的权衡，用户可以根据具体的需求进行分区方式的选择。用户可以在程序中指定边的分区方式。例如：

```
val g = Graph(vertices, partitionBy(edges, PartitionStrategy.EdgePartition2D))
```

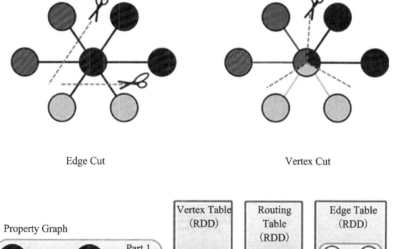

Edge Cut　　　　　　　　　　　　　　　　　　　Vertex Cut

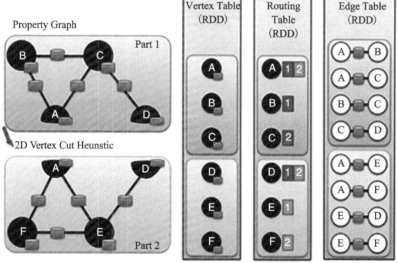

图 3-16　GraphX 存储模型

一旦边已经在集群上分区和存储，大规模并行图计算的关键挑战就变成了如何将点的属性连接到边。GraphX 的处理方式是集群上移动传播点的属性数据。由于不是每个分区都需要所有的点属性（因为每个分区只是一部分边），GraphX 内部维持一个路由表（routing table），这样当需要广播点到需要这个点的边的所在分区时就可以通过路由表映射，将需要的点属性传输到指定的边分区。

点分割的好处是在边的存储上是没有冗余数据的，而且对于某个点与它的邻居的交互操作，只要满足交换律和结合律。例如，求顶点的邻接顶点权重的和，可以在不同的节点进行并行运算，最后把每个节点的运行结果进行汇总，网络开销较小。代价是每个顶点属性可能要冗余存储多份，更新点数据时要有数据同步开销。

3. 使用技巧

采样观察可以通过不同的采样比例，先从小数据量进行计算、观察效果、调整参数，再逐步增加数据量进行大规模的运算。可以通过 RDD 的 sample 方法进行采样。同时通过 Web UI 观察集群的资源消耗。

1）内存释放：保留旧图对象的引用，但是尽快释放不使用的图的顶点属性，节省空间占用。通过 unPersistVertices 方法进行顶点释放。

2）GC 调优，请读者参考性能调优章节介绍。

3）调试：在各个时间点可以通过 graph.vertices.count() 进行调试，观测图现有状态。进行问题诊断和调优。

GraphX 通过提供简洁的 API 以及优化的图数据管理，简化了用户开发分布式图算法的复杂度。在大数据分析中更多的应用场景是进行机器学习，下面通过 MLlib 的介绍，读者可以了解如何通过 Spark 之上的 MLlib 进行复杂的机器学习。

3.4　MLlib

MLlib 是构建在 Spark 上的分布式机器学习库，充分利用了 Spark 的内存计算和适合迭代型计算的优势，将性能大幅度提升。同时由于 Spark 算子丰富的表现力，让大规模机器学习的算法开发不再复杂。

3.4.1　MLlib 简介

MLlib 是一些常用的机器学习算法和库在 Spark 平台上的实现。MLlib 是 AMPLab 的在研机器学习项目 MLBase 的底层组件。MLBase 是一个机器学习平台，MLI 是一个接口层，提供很多结构，MLlib 是底层算法实现层，如图 3-17 所示。

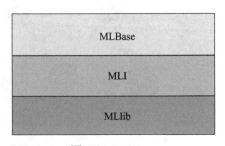

图 3-17　MLbase

MLlib 中包含分类与回归、聚类、协同过滤、数据降维组件以及底层的优化库，如图 3-18 所示。

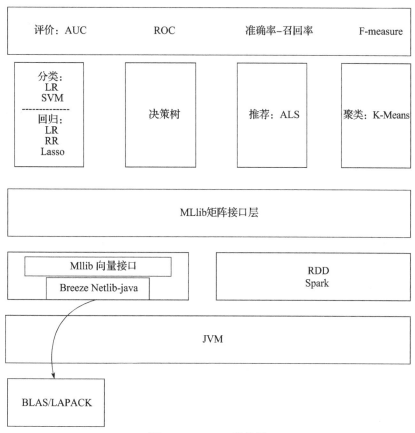

图 3-18　MLlib 组件图

通过图 3-18 读者可以对 MLlib 的整体组件和依赖库有一个宏观的把握。

下面对图 3-18 中读者可能不太熟悉的底层组件进行简要介绍。

BLAS/LAPACK 层：LAPACK 是用 Fortran 编写的算法库，顾名思义，Linear Algebra PACKage，是为了解决通用的线性代数问题的。另外必须要提的算法包是 BLAS（Basic Linear Algebra Subprograms），其实 LAPACK 底层是使用了 BLAS 库的。不少计算机厂商都提供了针对不同处理器进行了优化的 BLAS/LAPACK 算法包。

Netlib-java（官网为：https://github.com/fommil/netlib-java/）是一个对底层 BLAS，LAPACK 封装的 Java 接口层。

Breeze（官网为：https://github.com/scalanlp/breeze）是一个 Scala 写的数值处理库，提供向量、矩阵运算等 API。

库依赖：MLlib 底层使用到了 Scala 书写的线性代数库 Breeze，Breeze 底层依赖 netlib-java 库。netlib-java 底层依赖原生的 Fortran routines。所以，当用户使用时需要在节点上预先安装 gfortran runtime library（下载地址：https://github.com/mikiobraun/ jblas/wiki/Missing-Libraries）。由于许可证（license）问题，官方的 MLlib 依赖集中没有引入 netlib-java 原生库的依赖。如果运行时环境没有可用原生库，用户将会看到警告信息。如果程序中需要使用 netlib-java 的库，用户需要在项目中引入 com.github.fommil. netlib:all:1.1.2 的依赖或者参照指南（网址为：https://github.com/fommil/netlib-java/blob/ master/README.md#machine-optimised-system-libraries）来建立用户自己的项目。如果用户需要使用 python 接口，则需要 1.4 或者更高版本的 NumPy（注意：MLlib 源码中注释有 Experimental/DeveloperApi 的 API 在未来的发布版本中可能会进行调整和改变，官方会在不同版本发布时提供迁移指南）。

3.4.2　MLlib 中的聚类和分类

聚类和分类是机器学习中两个常用的算法，聚类将数据分开为不同的集合，分类对新数据进行类别预测，下面将就两类算法进行介绍。

1. 聚类和分类

（1）什么是聚类

聚类（Clustering）指将数据对象分组成为多个类或者簇（Cluster），它的目标是：在同一个簇中的对象之间具有较高的相似度，而不同簇中的对象差别较大。其实，聚类在人们日常生活中是一种常见行为，即所谓的"物以类聚，人以群分"，其核心思想在于分组，人们不断地改进聚类模式来学习如何区分各个事物和人。

（2）什么是分类

数据仓库、数据库或者其他信息库中有许多可以为商业、科研等活动的决策提供所需要的知识。分类与预测即是其中的两种数据分析形式，可以用来抽取能够描述重要数据集合或预测未来数据趋势。分类方法（Classification）用于预测数据对象的离散类别（Categorical Label）；预测方法（Prediction）用于预测数据对象的连续取值。

分类流程：新样本→特征选取→分类→评价

训练流程：训练集→特征选取→训练→分类器

最初，机器学习的分类应用大多都是在这些方法及基于内存基础上所构造的算法。目前，数据挖掘方法都要求具有基于外存以处理大规模数据集合能力，同时具有可扩展能力。

2. MLlib 中的聚类和分类

MLlib 目前已经实现了 K-Means 聚类算法、朴素贝叶斯和决策树分类算法。这里主要介绍被广泛使用的 K-Means 聚类算法和朴素贝叶斯分类算法。

（1）K-Means 算法

1）K-Means 算法简介。

K-Means 聚类算法能轻松地对聚类问题建模。K-Means 聚类算法容易理解，并且能在分布式的环境下并行运行。学习 K-Means 聚类算法，能更容易地理解聚类算法的优缺点，以及其他算法对于特定数据的高效性。

K-Means 聚类算法中的 K 是聚类的数目，在算法中会强制要求用户输入。如果将新闻聚类成诸如政治、经济、文化等大类，可以选择 10 ~ 20 的数字作为 K。因为这种顶级类别的数量是很小的。如果要对这些新闻详细分类，选择 50 ~ 100 的数字也是没有问题的。K-Means 聚类算法主要可以分为三步。第一步是为待聚类的点寻找聚类中心；第二步是计算每个点聚类中心的距离，将每个点聚类到离该点最近的聚类中去；第三步是计算聚类中所有点的坐标平均值，并将这个平均值作为新的聚类中心点。反复执行第二步，直到聚类中心不再进行大范围的移动，或者聚类次数达到要求为止。

2）k-Means 示例。

下面的例子中有 7 名选手，每名选手有两个类别的比分，A 类比分和 B 类比分如表 3-6 所示。

表 3-6　A 类和 B 类比分

Subject	A	B
1	1.0	1.0
2	1.5	2.0
3	3.0	4.0
4	5.0	7.0
5	3.5	5.0
6	4.5	5.0
7	3.5	4.5

这些数据将会聚为两个簇。随机选取 1 号和 4 号选手作为簇的中心，如表 3-7 所示。

表 3-7　1 号和 4 号选手信息

	Individual	Mean Vector (centroid)
Group 1	1	(1.0, 1.0)
Group 2	4	(5.0, 7.0)

将 1 号和 4 号选手分别作为两个簇的中心点，下面每一步将选取的点计算和两个簇中心的欧几里德距离，哪个中心距离小就放到哪个簇中，如表 3-8 所示。

表 3-8 第一步聚类

Step	Cluster 1		Cluster 2	
	Individual	Mean Vector (centroid)	Individual	Mean Vector (centroid)
1	1	(1.0, 1.0)	4	(5.0, 7.0)
2	1, 2	(1.2, 1.5)	4	(5.0, 7.0)
3	1, 2, 3	(1.8, 2.3)	4	(5.0, 7.0)
4	1, 2, 3	(1.8, 2.3)	4, 5	(4.2, 6.0)
5	1, 2, 3	(1.8, 2.3)	4, 5, 6	(4.3, 5.7)
6	1, 2, 3	(1.8, 2.3)	4, 5, 6, 7	(4.1, 5.4)

第一轮聚类的结果产生了，如表 3-9 所示。

表 3-9 第一轮结果

	Individual	Mean Vector (centroid)
Cluster 1	1, 2, 3	(1.8, 2.3)
Cluster 2	4, 5, 6, 7	(4.1, 5.4)

第二轮将使用 (1.8,2.3) 和 (4.1,5.4) 作为新的簇中心，重复以上的过程。直到迭代次数达到用户设定的次数终止。最后一轮的迭代分出的两个簇就是最后的聚类结果。

3）MLlib 之 K-Means 源码解析。

MLlib 中的 K-Means 的原理是：在同一个数据集上，跑多个 K-Means 算法（每个称为一个 run），然后返回效果最好的那个聚类的类簇中心。初始的类簇中心点的选取有两种方法，一种是随机，另一种是采用 KMeans||（KMeans++ 的一个变种）。算法的停止条件是迭代次数达到设置的次数，或者在某一次迭代后所有 run 的 K-Means 算法都收敛。

① 类簇中心初始化。

本节介绍的初始化方法是对于每个运行的 K-Means 都随机选择 K 个点作为初始类簇：

```
private def initRandom(data: RDD[Array[Double]]): Array[ClusterCenters] = {
    //Sample all the cluster centers in one pass to avoid repeated scans
val sample = data.takeSample(true, runs * k, new Random().nextInt()).toSeq
Array.tabulate(runs)(r => sample.slice(r * k, (r + 1) * k).toArray)
  }
```

② 计算属于某个类簇的点。

在每一次迭代中，首先会计算属于各个类簇的点，然后更新各个类簇的中心。

// K-Means 算法的并行实现通过 Spark 的 mapPartitions 函数，通过该函数获取到分区的迭代器。
  可以在每个分区内计算该分区内的点属于哪个类簇
// 之后对于每个运行算法中的每个类簇计算属于该类簇的点的个数以及累加和。

```scala
val totalContribs = data.mapPartitions { points =>
val runs = activeCenters.length
val k = activeCenters(0).length
val dims = activeCenters(0)(0).length

val sums = Array.fill(runs, k)(new DoubleMatrix(dims))
val counts = Array.fill(runs, k)(0L)

for (point <- points; (centers, runIndex) <- activeCenters.zipWithIndex) {
        // 找到距离该点最近的类簇中心点
val (bestCenter, cost) = KMeans.findClosest(centers, point)
        // 统计该运行算法开销，用于在之后选取开销最小的那个运行的算法
costAccums(runIndex) += cost
        // 将该点加到最近的类簇的统计总和中去，方便之后计算该类簇的新中心点
sums(runIndex)(bestCenter).addi(new DoubleMatrix(point))
        // 将距离该点最近的类簇的点数量加1，sum.divi(count) 就是类簇的新中心
counts(runIndex)(bestCenter) += 1
        }

val contribs = for (i <- 0 until runs; j <- 0 until k) yield {
        ((i, j), (sums(i)(j), counts(i)(j)))
        }
        contribs.iterator
// 对于每个运行算法的每个类簇计算属于该类簇的点的个数和加和
}.reduceByKey(mergeContribs).collectAsMap()

// mergeContribs 是一个负责合并的函数：
def mergeContribs(p1: WeightedPoint, p2: WeightedPoint): WeightedPoint = {
        (p1._1.addi(p2._1), p1._2 + p2._2)
}
```

③ 更新类簇的中心点。

```scala
for ((run, i) <- activeRuns.zipWithIndex) {
var changed = false
for (j <- 0 until k) {
val (sum, count) = totalContribs((i, j))
if (count != 0) {
            // 计算类簇的新的中心点
val newCenter = sum.divi(count).data
if (MLUtils.squaredDistance(newCenter, centers(run)(j)) > epsilon *
epsilon) {
            // 此处与代码和算法的停止条件有关
changed = true
            }
centers(run)(j) = newCenter
        }
        }
```

```
            // 如果某个 run 的 KMeans 算法的某轮次迭代中 K 个类簇的中心点变化都不超过指定阈值，
               则认为该 KMeans 算法收敛。
if (!changed) {
active(run) = false
logInfo("Run " + run + " finished in " + (iteration + 1) + " iterations")
        }
costs(run) = costAccums(i).value
        }
```

④ 算法停止条件。

算法的停止条件是迭代次数达到设置的次数，或者所有运行的 K-Means 算法都收敛：

```
while (iteration < maxIterations && !activeRuns.isEmpty)
```

上文对典型聚类算法 K-Means 原理进行介绍，下面将对典型的分类算法朴素贝叶斯算法进行介绍。

（2）朴素贝叶斯分类算法

朴素贝叶斯分类算法是贝叶斯分类算法多个变种之一。朴素指假设各属性之间是相互独立的。研究发现，在大多数情况下，朴素贝叶斯分类算法（naive bayes classifier）在性能上与决策树（decision tree）、神经网络（netural network）相当。贝叶斯分类算法在大数据集的应用中具有方法简便、准确率高和速度快的优点。但事实上，贝叶斯分类也有其缺点。由于贝叶斯定理假设一个属性值对给定类的影响独立于其他的属性值，而此假设在实际情况中经常是不成立的，则其分类准确率可能会下降。

朴素贝叶斯分类算法是一种监督学习算法，使用朴素贝叶斯分类算法对文本进行分类，主要有两种模型，即多项式模型（multinomial model）和伯努利模型（bernoulli model）。MLlib 使用的是被广泛使用的多项式模型。本书将以一个实际的例子来简略介绍使用多项式模型的朴素贝叶斯分类算法。

在多项式模型中，设某文档 $d=(t_1,t_2,\cdots,t_k)$，t_k 是该文档中出现过的单词，允许重复。

先验概率 P(c) = 类 c 下单词总数 / 整个训练样本的单词总数

类条件概率 P(t_k|c) = (类 c 下单词 t_k 在各个文档中出现过的次数之和 +1)

/(类 c 下单词总数 +|V|)

V 是训练样本的单词表（即抽取单词，单词出现多次，只算一个），|V| 则表示训练样本包含多少种单词。P(t_k|c) 可以看作是单词 t_k 在证明 d 属于类 c 上提供了多大的证据，而 P(c) 则可以认为是类别 c 在整体上占多大比例（有多大可能性）。

给定一组分好类的文本训练数据，如表 3-10 所示。

给定一个新样本（河北河北河北吉林香港），对其进行分类。该文本用属性向量表示为 d=(河北 , 河北 , 河北 , 吉林 , 香港)，类别集合为 Y={yes, no}。

表 3-10　文本训练数据

docId	doc	类别 ln c= 河北
1	河北　北京　河北	yes
2	河北　河北　上海	yes
3	河北　广东	yes
4	吉林　香港　河北	no

类 yes 下总共有 8 个单词，类 no 下总共有 3 个单词，训练样本单词总数为 11，因此 P(yes)=8/11, P(no)=3/11。类条件概率计算如下：

```
P( 河北 | yes )=(5+1)/(8+6)=6/14=3/7
P( 河北 | yes )=P( 吉林 | yes )= (0+1)/(8+6)=1/14
P( 河北 |no)=(1+1)/(3+6)=2/9
P(Japan|no)=P( 吉林 | no ) =(1+1)/(3+6)=2/9
```

分母中的 8，是指 yes 类别下 textc 的长度，也即训练样本的单词总数，6 是指训练样本有河北、北京、上海、广东、吉林、香港，共 6 个单词，3 是指 no 类下共有 3 个单词。

有了以上类条件概率，开始计算后验概率：

```
P(yes | d)=(3/7)3×1/14×1/14×8/11=108/184877≈0.00058417
P(no | d)= (2/9)3×2/9×2/9×3/11=32/216513≈0.00014780
```

比较大小，即可知道这个文档属于类别河北。

3.5　本章小结

本章主要介绍了 BDAS 中广泛应用的几个数据分析组件。SQL on Spark 提供在 Spark 上的 SQL 查询功能。让用户可以基于内存计算和 SQL 进行大数据分析。通过 Spark Streaming，用户可以构建实时流处理应用，其高吞吐量，以及适合历史和实时数据混合分析的特性使其在流数据处理框架中突出重围。GraphX 充当 Spark 生态系统中图计算的角色，其简洁的 API 让图处理算法的书写更加便捷。最后介绍了 MLlib——Spark 上的机器学习库，它充分利用 Spark 内存计算和适合迭代的特性，使分布式系统与并行机器学习算法实现了完美的结合。相信随着 Spark 生态系统的日臻完善，这些组件还会取得长足发展。

Chapter 4　第4章

Lamda 架构日志分析流水线

4.1　日志分析概述

随着互联网的发展，在互联网上产生了大量的 Web 日志或移动应用日志，日志包含用户最重要的信息，通过日志分析，用户可以获取到网站或应用的访问量，哪个网页访问人数最多，哪个网页最有价值、用户的特征、用户的兴趣等。

一般中型的网站（10 万的 PV⊖ 以上），每天会产生 1GB 以上 Web 日志文件。大型或超大型的网站，可能每小时就会产生 500GB ～ 1TB 的数据量。

对于日志的这种规模的数据，通过 Spark 进行大规模日志分析与日志处理，能够达到很好的效果。

Web 日志由 Web 服务器产生，现在互联网公司使用的主流的服务器可能是 Nginx、Apache、Tomcat 等。从 Web 日志中，我们可以获取网站每类页面的 PV 值（页面浏览）、UV（独立 IP 数）。更复杂一些的，可以计算得出用户所检索的关键词排行榜、用户停留时间最高的页面等。更为复杂的，构建广告点击模型、分析用户行为特征等。

1. 日志格式

目前常见的 Web 日志格式主要由两类：一种日志格式是 Apache 的 NCSA 日志格式，另一种日志格式是 IIS 的 W3C 日志格式。

下面以 Nginx 日志格式为例进行讲解。

⊖　Page View，页面访问量。

Nginx 日志示例格式：

```
222.68.172.111 - - [18/Sep/2013:06:49:57 +0000]
"GET /images/my.jpg HTTP/1.1" 200 19939
"http://www.angularjs.cn/A00n" "Mozilla/5.0 (Windows NT 6.1)
AppleWebKit/537.36 (KHTML, like Gecko) Chrome/29.0.1547.66 Safari/537.36"
```

以下是本例中涉及的一些要素。

❑ remote_addr：记录客户端的 IP 地址。本例为 222.68.172.111。

❑ remote_user：记录客户端用户名称，本例 - - 表示为空。

❑ time_local：记录访问时间与时区，本例为 [18/Sep/2013:06:49:57 +0000]。

❑ request：记录请求的 URL 与 HTTP 协议，本例为 GET /images/my.jpg HTTP/1.1。

❑ status：记录请求状态，成功是 200。

❑ body_bytes_sent：记录发送给客户端文件主体内容大小，本例中为 19939。

❑ http_referer：用来记录从哪个页面链接访问过来的，http://www.angularjs.cn/A00n。

❑ http_user_agent：记录客户浏览器的相关信息，本例中为 Mozilla/5.0 (Windows NT 6.1) AppleWebKit/537.36 (KHTML, like Gecko) Chrome/29.0.1547.66 Safari/537.36。

🔖 **注意** 如果用户想要更多的信息，则要用其他手段去获取，通过 JS 代码单独发送请求，并使用 cookies 记录用户的访问信息。

通过利用这些日志信息，我们可以深入分析用户行为或网站状况了。

2. 传统单机日志数据分析示例

当数据量较小（10MB, 100MB, 10GB），单机处理能够解决，可以通过各种 Unix/Linux 命令或者工具，awk、grep、sort、join 等都是日志分析的利器，再配合 Perl、Python、正则表达式，基本就可以解决常见日志分析的问题。

（1）Linux Shell 进行单机日志分析示例

例如，想从上面提到的 nginx 日志中得到访问量最高的前 10 个 IP，通过以下 Shell 进行分析：

```
 cat access.log.10 | awk '{a[$1]++} END {for(b in a) print b"\t"a[b]}'
 | sort -k2 -r | head -n 10
 163.177.71.12   972
 101.226.68.137  972
 183.195.232.138 971
 50.116.27.194   97
 14.17.29.86     96
```

```
61.135.216.104    94
61.135.216.105    91
61.186.190.41      9
59.39.192.108      9
220.181.51.212     9
```

（2）Python 进行单机日志分析示例

检查 Nginx 的日志文件，统计基于每个独立 IP 地址的点击率，代码如下：

```
#!/usr/bin/env python#coding:utf8
import re
import sys
contents = sys.argv[1]def NginxIpHite(logfile_path):
        #IP：4 个字符串，每个字符串为 1 ~ 3 个数字，由点连接
        ipadd = r'\.'.join([r'\d{1,3}']*4)
        re_ip = re.compile(ipadd)
        iphitlisting = {}
        for line in open(contents):
                match = re_ip.match(line)
                if match:
                        ip = match.group( )
                        # 如果 IP 存在增加 1，否则设置点击率为 1
                        iphitlisting[ip] = iphitlisting.get(ip, 0) + 1
        print iphitlisting
    NginxIpHite(contents)
```

运行并打印结果如下：

```
[root@chlinux 06]# ./nginx_ip.py access_20140610.log
{'183.3.121.84': 1, '182.118.20.184': 2, '182.118.20.185': 1,
'190.52.120.38': 1, '182.118.20.187': 1, '202.108.251.214': 2,
'61.135.190.101': 2, '103.22.181.247': 1, '101.226.33.190': 3,
'183.129.168.131': 1, '66.249.73.29': 26, '182.118.20.202': 1,
'157.56.93.38': 2, '219.139.102.237': 4, '220.181.108.178': 1,
'220.181.108.179': 1, '182.118.25.233': 4, '182.118.25.232': 1,
'182.118.25.231': 2, '182.118.20.186': 1, '174.129.228.67': 20}
```

此脚本返回的是一个 Key-Value 映射，包含访问 Nginx 服务器的各个 IP 的点击数。用户可以通过这个示例再进行深入拓展，进行更丰富的日志信息和知识的获取。

（3）大规模分布式日志分析情况

当数据量每天以 10GB、100GB 增长的时候，单机处理能力已经不能满足需求。此时就需要增加系统的扩展性，用大数据分析和并行计算来解决。在 Spark 出现之前，海量数据存储和海量日志分析都是基于 Hadoop、Hive 等数据分析系统的。Spark 的出现，使得全栈数据分析更加容易。并且，Spark 非常适合构建多范式日志分析流水线。我们将介绍如何使用 Spark 构建日志分析流水线。

4.2　日志分析指标

下面将介绍常用网站的运营数据分析指标。在数据越来越重要的趋势下，数据化运营已经提上互联网公司的日程，如果监控网站或应用的状况时发现瓶颈问题，我们需要针对网站或应用相关指标进行统计和分析得出的。随着移动互联网的发展，越来越多的移动数据分析公司与工具也不断涌现，其中代表性的为友盟、Talking Data 等，为公司提供数据化运营支持。

网站运行日志分析常用指标如下：

❑ PV（Page View）：网站页面访问数，也称作网站流量。

❑ UV（Unique Visitor）：页面 IP 的访问量统计，访问用户数，即独立 IP。

❑ PVPU（Page View Per User）：平均每位用户访问页面数。

❑ 漏斗模型与转化率：漏斗模型指的是多个不同的事件按照一定依赖顺序依次触发的流程中的转化模型。用户通常会对应用中的一些关键路径进行分析。比如注册流程、购物流程、交易流程等。以电商应用的购物流程为例：

　　　1 浏览商品页→2 放入购物车→3 生成订单→4 支付订单→5 完成交易

　　我们可以根据这些关键路径来计算每一步的转化率。转化率指的是完成当前事件的用户中触发下一个依赖事件的用户所占比例。

❑ 留存率：用户在某段时间内开始使用应用，经过一段时间后，仍然继续使用这个应用的用户被认作是留存。这部分用户占开始新增用户的比例即是留存率。

❑ 用户属性：用户的基本属性和行为特征，将用户打标签，帮助产品进一步的营销与推荐。

最终希望通过一个仪表盘展示出整个网站的统计指标信息，如图 4-1 所示。

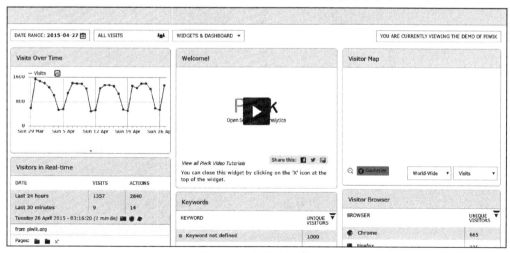

图 4-1　日志统计效果图

4.3 Lamda 架构

日志分析中既有离线大规模分析的需求，又有实时性的需求，这就可以通过采用 Lamda 架构构建日志分析流水线。

1. Lamda 架构简介

Lambda 架构的目的是为大数据分析应用程序提供一个低响应延迟的组合数据传输环境。

Lambda 系统架构定义了一套明确的架构原则，它为建立一套强大的和可扩展的数据系统定义了架构范式。在 Lamda 架构中，被读取的数据是不可变的，在并行处理过程中数据会依次进入流处理系统和批处理系统，同时进行实时处理和离线数据分析。在查询时，当这两者都返回结果后，才算是完成一次完整的查询。从逻辑上看，传输过程发生了两次，一次是在批处理中，一次是在流处理中。

Lamda 架构并不限定其中的具体系统，要根据实际情况进行调整优化。大数据的系统选型具体可以有很多的组合变化。例如可以将图 4-2 中的 Kafka、Storm、Hadoop 等换成其他类似的系统，例如 Spark Streaming、Spark 等，惯常的做法是使用两个数据库来存储数据输出表，一个存储实时表，响应实时查询需求，另外一个存储批处理表，返回离线计算结果。

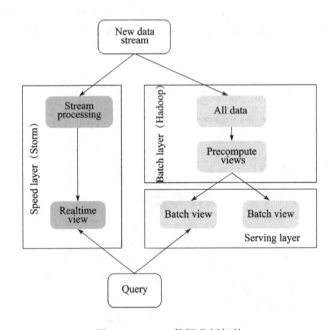

图 4-2　Lamda 数据分析架构

它是由三层组成：批处理层、服务层和速度层。

① 批处理层：Hadoop、Spark、Tez 等都可以作为批处理层的处理工具，HDFS、HBase 等都可以作为数据持久化系统。

② 服务层：用于加载和实现数据库中的批处理视图，以便用户能够查询，不一定需要随机写，但是支持批更新和随机读，例如采用 ElephantDB、Voldemort。

③ 快速处理层：主要处理新数据和服务层更新造成的高延迟补偿，利用流处理系统（如 Storm、S4、Spark Streaming）和随机读写数据存储库来计算实时视图（HBase）。批处理和服务层定期处理和转换实时视图为批处理视图。

为了获得一个完整结果，批处理和实时视图都必须被同时查询和融合（实时代表新数据）。

下面借鉴 Lamda 架构，设计整个数据分析流水线架构，如图 4-3 所示。

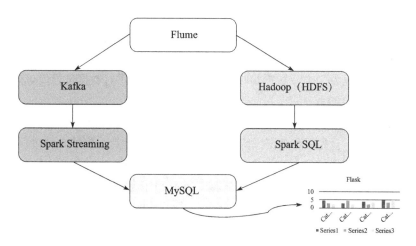

图 4-3　日志分析流水线整体架构图

本例中实时日志分析流水线大致按以下步骤操作。

① 数据采集：采用 Flume NG 进行数据采集。

② 数据汇总与转发：通过 Flume 将数据转发汇总到实时消息系统 Kafka。

③ 数据处理：采用 Spark Streaming 进行实时数据处理。

④ 结果呈现：采用 Flask 作为可视化呈现工具进行结果呈现。

离线日志分析流水线大致按以下步骤操作。

① 数据存储：通过 Flume 将数据转储到 HDFS。

② 数据处理：通过 Spark SQL 进行数据预处理。

③ 结果呈现：结果汇总存储到 MySQL 最后通过 Flask 进行结果呈现。

4.4 构建日志分析数据流水线

后续的章节将介绍日志数据采集、日志数据汇总、日志实时分析、日志离线分析及可视化，来构建数据分析流水线。

4.4.1 用 Flume 进行日志采集

Web 日志由 Web 服务器产生，生产环境的服务器可能是 Nginx、Apache、Tomcat、IIS 等。

例如，可以将 Tomcat 的日志收集到指定的目录，Tomcat 安装在 /opt/tomcat，日志存放在 var/log/data。其他服务器（如 Apache、Nginx、IIS 等），用户可以根据相应服务器的默认目录进行相关配置。

1. Flume 简介

Flume 是 Cloudera 开发的日志收集系统，具有分布式、高可用等特点，为大数据日志采集、汇总聚合和转储传输提供了支持。为了保证 Flume 的扩展性和灵活性，在日志系统中定制各类数据发送方及数据接收方。同时 Flume 提供对数据进行简单处理，并写各种数据到接受方的能力。

Flume 的核心是把数据从数据源收集过来，再送到数据接收方。为了保证送达成功，在送到目的地之前，会先缓存数据，待数据真正到达目的地后，删除自己缓存的数据。

Flume 传输的数据的基本单位是事件（Event），如果是文本文件，通常是一行记录，这也是事务的基本单位。事件（Event）从源（Source）传输到通道（Channel），再到数据输出槽（Sink），本身为一个比特（byte）数组，并可携带消息头（headers）信息。

Flume 运行的核心是 Agent。它是一个完整的数据收集工具，含有三个核心组件，分别是 Source、Channel、Sink。通过这些组件，Event 可以从一个地方流向另一个地方，如图 4-4 所示。

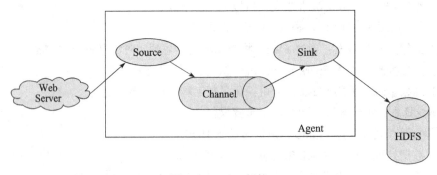

图 4-4　Flume 架构

Flume 核心组件如下。

- Source 可以接收外部源发送过来的数据。不同的 Source，可以接受不同的数据格式。比如有目录池（Spooling Directory）数据源，可以监控指定文件夹中的新文件变化，如果目录中有文件产生，就会立刻读取其内容。
- Channel 是一个存储地，接收 Source 的输出，直到有 Sink 消费掉 Channel 中的数据。Channel 中的数据直到进入到下一个 Channel 中或者进入终端才会被删除。当 Sink 写入失败后，可以自动重启，不会造成数据丢失，因此很可靠。
- Sink 会消费 Channel 中的数据，然后送给外部源或者其他 Source。如数据可以写入到 HDFS 或者 HBase 中。

Flume 允许多个 Agent 连在一起，形成前后相连的多级数据传输通道。

2. Flume 安装与配置

（1）安装 Flume

1）安装 JDK。

2）安装 Flume。

```
http://mirrors.cnnic.cn/apache/flume/1.5.0/apache-flume-1.5.0-bin.tar.gz。
# tar xvzf apache-flume-1.5.0-bin.tar.gz
# mv apache-flume-1.5.0-bin apache-flume-1.5.0
# ln -s apache-flume-1.5.0 flume
```

3）环境变量设置。

```
# vim /etc/profile
export JAVA_HOME=/usr/local/jdk
export CLASSPATH=.:$JAVA_HOME/lib/dt.jar:$JAVA_HOME/lib/tools.jar
export PATH=$PATH:$JAVA_HOME/bin
export FLUME_HOME=/usr/local/flume
export FLUME_CONF_DIR=$FLUME_HOME/conf
export PATH=.:$PATH::$FLUME_HOME/bin
# source /etc/profile
```

（2）创建 Agent 配置文件将数据输出到 HDFS

这需要修改 flume.conf 中的配置，具体如下：

```
a1.sources = r1
a1.sinks = k1
a1.channels = c1
# 描述和配置 source
# 第 1 步：配置数据源
a1.sources.r1.type = exec
a1.sources.r1.channels = c1
```

```
# 配置需要监控的日志输出目录
a1.sources.r1.command = tail -F /var/log/data
# Describe the sink
# 第 2 步：配置数据输出
a1.sinks.k1.type=hdfs
a1.sinks.k1.channel=c1
a1.sinks.k1.hdfs.useLocalTimeStamp=true
a1.sinks.k1.hdfs.path=hdfs://192.168.11.177:9000/flume/events/%Y/%m/%d/%H/%M
a1.sinks.k1.hdfs.filePrefix=cmcc
a1.sinks.k1.hdfs.minBlockReplicas=1
a1.sinks.k1.hdfs.fileType=DataStream
a1.sinks.k1.hdfs.writeFormat=Text
a1.sinks.k1.hdfs.rollInterval=60
a1.sinks.k1.hdfs.rollSize=0
a1.sinks.k1.hdfs.rollCount=0
a1.sinks.k1.hdfs.idleTimeout=0
# Use a channel which buffers events in memory
# 第 3 步：配置数据通道
a1.channels.c1.type = memory
a1.channels.c1.capacity = 1000
a1.channels.c1.transactionCapacity = 100
# Bind the source and sink to the channel
# 第 4 步：将三者级联
a1.sources.r1.channels = c1
a1.sinks.k1.channel = c1
```

（3）启动 Flume Agent

```
# cd /usr/local/flume
# nohup bin/flume-ng agent -n agent1 -c conf -f conf/flume-conf.properties
&
```

通过上面介绍的一系列步骤，已经可以将 Flume 收集的数据输出到 HDFS。

3. 整合 Flume 与 Kafka、HDFS

下面通过 Sink 设置的修改将 Flume 的日志输出到 HDFS 和 Kafka。下面的 IP 地址只是示例，用户根据具体需求改为生产环境中的 IP 地址。

```
#############################define [sink] begin##################
#define the sink k1, 定义 HDFS 输出端
a1.sinks.k1.type=hdfs
a1.sinks.k1.channel=c1
a1.sinks.k1.hdfs.useLocalTimeStamp=true
a1.sinks.k1.hdfs.path=hdfs://192.168.11.174:9000/flume/events/%Y/%m/%d
a1.sinks.k1.hdfs.filePrefix=cmcc-%H
a1.sinks.k1.hdfs.fileType=DataStream
a1.sinks.k1.hdfs.minBlockReplicas=1
```

```
a1.sinks.k1.hdfs.rollInterval=3600
a1.sinks.k1.hdfs.rollSize=0
a1.sinks.k1.hdfs.rollCount=0
a1.sinks.k1.hdfs.idleTimeout=0
#define the sink k2, 定义 Kafka 输出端
a1.sinks.k2.channel=c2
a1.sinks.k2.type=com.cmcc.chiwei.Kafka.CmccKafkaSink
a1.sinks.k2.metadata.broker.list=192.168.11.174:9092,192.168.11.175:9092,1
92.168.11.176:9092
a1.sinks.k2.partition.key=0
a1.sinks.k2.partitioner.class=com.cmcc.chiwei.Kafka.CmccPartition
a1.sinks.k2.serializer.class=Kafka.serializer.StringEncoder
a1.sinks.k2.request.required.acks=0
a1.sinks.k2.cmcc.encoding=UTF-8
a1.sinks.k2.cmcc.topic.name=cmcc
a1.sinks.k2.producer.type=async
a1.sinks.k2.batchSize=100
##############################define [sink] end##################
```

以上配置将同样的数据无差异输出传递到多个输出端。

```
a1.sources.r1.selector.type=replicating
```

本例配置了两个输出端：一个是输出到 Kafka，为了提高性能，用内存通道。另一个是输出到 HDFS，离线分析。

在配置文件中设置两个 sink：一个是 Kafka 的输出通道 K2。一个是 HDFS 的输出通道 K1。

```
a1.sources = r1
a1.sinks = k1 k2
a1.channels=c1 c2
##############################define [channel] begin##################
#define the channel c1,
a1.channels.c1.type=file
a1.channels.c1.checkpointDir=/home/flume/flumeCheckpoint
a1.channels.c1.dataDirs=/home/flume/flumeData , /home/flume/flumeDataExt
a1.channels.c1.capacity=2000000
a1.channels.c1.transactionCapacity=100
#define the channel c2
a1.channels.c2.type=memory
a1.channels.c2.capacity=2000000
a1.channels.c2.transactionCapacity=100
##############################define [channel] end##################
```

大家在配置文件中添加如上信息，即可配置好，同时输出到 Kafka 和 HDFS。

4.4.2 用 Kafka 将日志汇总

由于 Flume 收集的数据和后端处理的下游系统之间可能存在多对多的关系，为了解耦合保证数据传输延迟，选用 Kafka 作为消息中间层进行日志中转。

Apache Kafka 是由 Apache 软件基金会开发的一个开源消息系统项目，由 Scala 写成。Kafka 最初是由 LinkedIn 开发，并于 2011 年初开源。2012 年 10 月从 Apache Incubator "毕业"。该项目的目标是为处理实时数据提供一个统一、高通量、低等待的平台[⊖]。它提供了类似于 JMS 的特性，但是在设计实现上完全不同，此外它并不是 JMS 规范的实现。Kafka 进行消息保存时会根据 Topic 进行归类，发送消息者成为 Producer，消息接受者成为 Consumer，此外 Kafka 集群有多个 Kafka 实例组成，每个实例（Server）成为 Broker。无论是 Kafka 集群，还是 Producer 和 Consumer 都依赖 Zookeeper 来保证系统可用性集群保存一些元（Meta）信息，如图 4-5 所示。

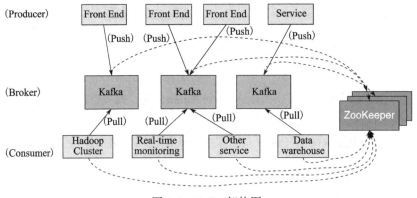

图 4-5　Kafka 架构图

1. 概念和术语

❑ 消息：全称为 Message，是指在生产者、服务端和消费者之间传输数据。

❑ 消息代理：全称为 Message Broker，通俗来讲就是指该 MQ 的服务端或者服务器。

❑ 消息生产者：全称为 Message Producer，负责产生消息并发送消息到 meta 服务器。

❑ 消息消费者：全称为 Message Consumer，负责消息的消费。

❑ 消息的主题：全称为 Message Topic，由用户定义并在 Broker 上配置。Producer 发送消息到某个 Topic 下，Consumer 从某个 Topic 下消费消息。

⊖　Kafka 维基简介：http://zh.wikipedia.org/wiki/Kafka。

- □ 主题的分区：也称为 Partition，可以把一个 Topic 分为多个分区。每个分区是一个有序、不可变的、顺序递增的 Commit Log
- □ 消费者分组：全称为 Consumer Group，由多个消费者组成，共同消费一个 Topic 下的消息，每个消费者消费部分消息。这些消费者就组成一个分组，拥有同一个分组名称，通常也称为消费者集群
- □ 偏移量：全称为 Offset。分区中的消息都有一个递增的 id，称之为 Offset。它唯一标识了分区中的消息。

2. 部署 Kafka

Kafka 安装中可以使用自带的 Zookeeper，也可以使用外接的 Zookeeper，本例以使用自带的 Zookeeper 为例进行 Kafka 的部署和安装。

（1）下载 Kafka

Kafka 官网下载安装包：http://Kafka.apache.org/。

解压：

```
tar -zxvf  Kafka_2.10-0.8.1.1.tgz
```

（2）配置 Kafka 与 Zookeeper 文件

1）配置 zookeeper.properties 文件。

```
dataDir=/tmp/zookeeper
clientPort=2181
maxClientCnxns=0
initLimit=5
syncLimit=2
# 以下以三台为例，用户可以配置更多的服务器：
server.43=10.190.172.43:2888:3888
server.38=10.190.172.38:2888:3888
server.33=10.190.172.33:2888:3888
```

2）配置 Zookeeper myid。

在每个服务器 dataDir 中创建 myid 文件，写入本机 ID。

例如：在 server.43 创建 myid 文件，并输入主机编号 43。

```
echo "43" > /tmp/zookeeper/myid
```

3）配置 Kafka 文件。配置 config/server.properties，在每个节点根据不同的主机名进行以下配置。

```
broker.id: 43 #Unique, Write number, Config this node's ID
host.name: 10.190.172.43#Unique,Server IP, Config this node IP
zookeeper.connect= 10.190.172.43:2181,10.190.172.33:2181,10.190.172.38:2181
```

（3）启动 Zookeeper

由于 Kafka 需要通过 Zookeeper 存储元数据信息，则预先启动 Zookeeper，并提供给 Kafka 相应连接地址。

在每台服务器都执行命令：

```
bin/zookeeper-server-start.sh config/zookeeper.properties
```

（4）启动 Kafka

启动命令：bin/Kafka-server-start.sh。

（5）创建和查看 Topic

为了测试部署的 Kafka 可用性，可以在 Kafka 中创建和查看 Topic 并进行可用性的验证。

注意，这里的 Topic 和 Flume 中配置的要一致，同时后续 Spark Streaming 也是消费这个 Topic 中的数据。

```
bin/Kafka-topics.sh --create --zookeeper 10.190.172.43:2181
--replication-factor 1 --partitions 1 --topic KafkaTopic
```

查看 Topic，验证是否已经创建 Topic，如果能够查到，则证明安装正确：

```
bin/Kafka-topics.sh --describe --zookeeper 10.190.172.43:2181
```

3. 整合 Kafka 与 Spark Streaming

在用户的 SBT 项目中，在 build.sbt 中添加如下依赖。当应用进行项目编译，便会下载相应驱动进行整合。

```
libraryDependencies ++= Seq(
    "org.scalatest" %% "scalatest" % "1.9.1" % "test",
    "org.apache.spark" %% "spark-core" % "1.2.0",
    "org.apache.spark" %% "spark-streaming" % "1.2.0",
    "org.apache.spark" %% "spark-streaming-Kafka" % "1.2.0",
    "org.apache.Kafka" %% "Kafka" % "0.8.1.1")
```

4.4.3　用 Spark Streaming 进行实时日志分析

通过之前的整合，已经打通数据收集和中转的通道，数据通过 Flume 分别流向 Kafka 和 HDFS，在 Kafka 中的数据，由 Spark Streaming 消费并进行实时数据分析。对于进入 HDFS 的数据，后续使用 Spark SQL 和 MLlib 进行离线数据分析。

下面介绍 Spark Streaming 的实时日志分析。

1. Spark Streaming 读取 Kafka 日志

用户可以通过以下几个步骤和代码示例构建读取日志的实时程序，然后启动 Spark

Streaming 的程序并运行。

代码示例通过 Spark Streaming 接收 Kafka 的输入数据，构建 Kafka 流式数据输入。

❑ 进行输入参数的配置。

❑ 初始化 Spark Streaming 的程序。

❑ 进行日志分析，并启动 Spark Streaming 程序的运行。

```
import org.apache.spark.streaming.{Minutes, Seconds, StreamingContext}
import StreamingContext._
import java.util.Properties
import org.apache.spark.streaming._
import org.apache.spark.SparkConf
    def testKafkaWord(args: Array[String]): Unit = {
        val sparkConf = new SparkConf().setAppName("LogAnalysis")
        val sc = new SparkContext(sparkConf)
    //① 输入参数配置 Topic 和路径
        val Array(zkQuorum, group, topics, numThreads, outPutHdfsPath,
            configFile,printOrWriteFile) = Array(args(0), args(1), args(2),
            args(3), args(4), args(5), args(6))
    //② Spark Streaming 初始化
        val ssc =  new StreamingContext(sc, Seconds(2))
        ssc.checkpoint("checkpoint")
        val topicMap = topics.split(",").map((_,numThreads.toInt)).toMap
        val logs = KafkaUtils.createStream(ssc, zkQuorum, group, topicMap)
                        .map(_._2)
    //③ 进行日志的深入分析与处理，并启动 Spark Streaming 的程序进行运行。
    doSomeProcess()
        ssc.start()
        ssc.awaitTermination()
    }
```

2. 实时点击流分析

下面给出一些示例进行点击流（Click Stream）分析，用户可以根据相应示例进行复杂示例拓展。

（1）预定义

定义 PageView 类，记录站点 ID、访客 ID、网页的 URL。

```
class PView(val site:String,val visitor:String, val pageurl:String) extends
Serializable {}
```

将每条数据格式化后转换为 PageViews 对象，便于后续的分析。

```
val pageviews = logs.map(PView.parseData(_))
```

（2）统计分析

1）统计每批次指定时间段数据 PV。

时间长度根据 StreamingContext(sc, Seconds(TimeDuration)) 中的 TimeDuartion 进行设置。

```
val pagecounts = pageviews.map(view => view.pageurl).countByValue()
```

2）统计过去 15s 的访客数量，每隔 2s 计算一次。

```
val window = Seconds(15)
val interval = Seconds(2)
val visitorcounts = pageviews.window(window,interval).map(view =>
    (view.visitor, 1)).groupByKey().map(v => (v._1,v._2.size))
```

3. 实时百分位（Percentile）统计每个用户中段访问量的页面

网站的日常日志分析中，常用的日志分析场景需要观察页面的加载时间：如果页面加载时间过长可能是因为网络的问题，或者服务器的问题；如果页面时间很短则不需要进行优化。往往需要统计加载时间处于中游的页面并进行分析，这样对指定页面进行 JS 或者后台的优化。

这个分析应用的思路是，统计每个页面和浏览器组的加载延迟，最后统计每个页面和浏览器的加载延迟中排在 25%，50%，75% 的时间是多长。之后再根据这些信息进行页面的优化和更深入的统计。

```
import org.apache.spark.storage.StorageLevel
import org.apache.spark.streaming.{StreamingContext, Seconds}
import org.apache.spark.streaming.Kafka.KafkaUtils
import org.apache.spark.{SparkContext, SparkConf}
import Kafka.serializer.{Decoder, StringDecoder}
import scala.collection.mutable
import scala.collection.mutable.HashMap
  def Percentile(args: Array[String]): Unit ={
// 将数据预处理为包含浏览器、页面 URL 和加载延迟的三元组
    val filteredLog = logs.map(mapFunction)
    val result = filteredLog.map(record => {
      val s = record._2.split(" ")
      // s(0) 代表浏览器类型，s(1) 代表页面 URL
      val key = Seq(s(0), s(1))
      // s(1) 代表加载时间
      val value = s(2).toInt
      (key, value)
    })
     .mapPartitions(iter => {
     // Map Side 聚集汇总结果
     // HashMap is Map(key -> Map(value, count))
     val resultMap = new HashMap[Seq[String], HashMap[Int, Int]]
     var tmp:(Seq[String], Int) = null
     while(iter.hasNext) {
```

```scala
        tmp = iter.next()
        val valueMap = resultMap.getOrElse(tmp._1, new HashMap[Int, Int])
        var count = valueMap.getOrElse(tmp._2, 0)
        valueMap.put(tmp._2, count + 1)
        resultMap.put(tmp._1, valueMap)
      }
    resultMap.iterator
}).reduceByKeyAndWindow((x: HashMap[Int, Int], y: HashMap[Int, Int]) => {
// Reduce 端聚集汇总结果，合并两个 Hash 表。
  y.foreach(r => {
    x.put(r._1, x.getOrElse(r._1, 0) + r._2)
  })
  x
} , timeDuration, timeDuration).mapPartitions(iter => {
    // 计算百分位，结果格式为：Map(key, Map(percentage, value))
    val resultMap = new mutable.HashMap[Seq[String], mutable.HashMap[Double,
                                    Int]]()
    while(iter.hasNext) {
      val tmp = iter.next
      val map = tmp._2
      val sumCount = map.map(r => r._2).reduce(_+_)
      val p25 = sumCount * 0.25
      val p50 = sumCount * 0.5
      val p70 = sumCount * 0.75
      val sortDataSeq = map.toSeq.sortBy(r => r._1)
      val iterS = sortDataSeq.iterator
      var curTmpSum = 0.0
      var prevTmpSum = 0.0
      val valueMap = new mutable.HashMap[Double, Int]()
      while(iterS.hasNext) {
        val tmpData = iterS.next()
        prevTmpSum = curTmpSum
        curTmpSum += tmpData._2
        if(prevTmpSum <= p25 && curTmpSum >= p25) {
          valueMap.put(0.25, tmpData._1)
        } else if(prevTmpSum <= p50 && curTmpSum >= p50) {
          valueMap.put(0.5, tmpData._1)
        } else if(prevTmpSum <= p70 && curTmpSum >= p50) {
          valueMap.put(0.75, tmpData._1)
        }
      }
      resultMap.put(tmp._1, valueMap)
    }
    resultMap.iterator
})
// 结果输出
    if(printOrWriteFile.toBoolean) {
      result.print
```

```
    } else {
      result.saveAsTextFiles(outPutHdfsPath)
}
// 启动 Spark Streaming
    ssc.start()
    ssc.awaitTermination()
  }
```

4. 结果输出到 MySQL

应用可以将结果结构化存储到数据库中，便于前端可视化界面进行查询和呈现。

❏ 如果结果较小，将之前的结果收集到 Driver，然后 JDBC 写入到 MySQL。

❏ 如果结果较大，可以对每个数据块分别调用 JDBC 写入结果，然后写入到数据库。

下面将每个分区的数据写入到数据库。

```
result.foreachRDD( rdd => {
  rdd.mapPartitions( iter => {
      // 创建数据库连接
  val dbc = "jdbc:mysql://mysqlIP:3306/DBNAME?user=DBUSER&password=DBPWD"
  classOf[com.mysql.jdbc.Driver]
  val conn = DriverManager.getConnection(dbc)
  val statement = conn.createStatement(ResultSet.TYPE_FORWARD_ONLY,
ResultSet.CONCUR_UPDATABLE)
  // 数据插入到数据库
  try {
val prep = conn.prepareStatement("INSERT INTO results (result) VALUES (?) ")
var r: String = null
while(iter.hasNext) {
  r = iter.next
  prep.setString(1, r)
}
    prep.executeBatch
  }
  finally {
    conn.close
  }
  })
})
```

在程序的运行中，可能参数配置并不一定最优，也会使得程序不能达到想要的效果。通过一定参数配置可以缓解和解决相应的问题。Spark Streaming 吞吐量不高，可以设置 spark.streaming.concurrentJobs 进行调整，如果 Spark Streaming 运行速度突然下降了，经常会有任务延迟和阻塞，可能是设置 job 启动 interval 时间间隔太短了，创建的时间窗口间隔太密集了，导致每次 job 在指定时间无法正常执行完成。

总之在使用 Spark Streaming 过程中，通过监测、诊断问题，最终达到最好的吞吐和响应延迟。

4.4.4　Spark SQL 离线日志分析

1. 用 SQL 进行数据 ETL [⊖]

由于不同格式的日志需要解析出的字段不同，用户可以写自定义的日志解析代码。本例中解析出的日志模式如下。

日志表模式：

```
会话 ID  |  用户 ID  |  时间戳  |  页面 URL  |  访问时间  |  引用  |  时间跨度  |  打分
sessionid | userid | timestamp | pageurl | visittime | referrer | timespent | rating
```

日志数据：

```
DJ4XNH6EMMW5CCC5,3GQ426510U4H,1335478060000,/product/
N19C4MX1,00:07:40,http://www.healthyshopping.com/product/T0YJZ1QH,44,6
DJ4XNH6EMMW5CCC5,3GQ426510U4H,1335478060000,/product/
NL0ZJO2L,00:08:24,http://www.healthyshopping.com/product/T0YJZ1QH,67,6
DJ4XNH6EMMW5CCC5,3GQ426510U4H,1335478060000,/addToCart/
NL0ZJO2L,00:09:31,http://www.healthyshopping.com/product/T0YJZ1QH,0,0
X6DUSPR2R53VZ53G,2XXW0J4N117Q,1335478101000,/product/
FPR477BM,00:08:21,http://www.google.com,74,6
X6DUSPR2R53VZ53G,2XXW0J4N117Q,1335478101000,/addToCart/
FPR477BM,00:09:35,http://www.google.com,0,0
C142FL33KKCV603E,UJAQ1TQWAGVL,1335478185000,/product/7Y4FP655,00:09:45,ht
tp://www.twitter.com,0,0
```

用户可以通过如下 Spark SQL 代码进行初步的数据清理与处理：

```
def ETL(sc:SparkContext,source:RDD[LogPage],query:String):SchemaRDD = {
  val sqlc = new SQLContext(sc)
  val schema = sqlc.createSchemaRDD(source)
  val pages = sqlc.registerRDDAsTable(schema, "pages")
  sqlc.sql(query)
}
```

本例查询过滤评分 >1 的有效用户数据：

```
select * from pages where rating > 1。
```

通过本例用户可以通过 Spark SQL 查询分析，或进行数据清洗供后续程序使用。

2. 离线会话日志统计

整体代码可以进行一些日志统计分析。其中，会用到 LogFlow 实现对每个用户会

⊖　即为 Extract-Transform-Load。

话（Session）的统计，包含开始截止时间、总共访问页面数、最后访问页面等信息，为后续使用贝叶斯模型准备数据。同时这些统计信息也能够实时呈现给用户。

统计常见报表指标：

```scala
/* 通过 sessionid 分组 */
  val dataset = ETL(...).groupBy(group => group._1)
    dataset.map(valu => {

  /* 根据时间戳对日志记录进行排序 */
  val data = valu._2.toList.sortBy(_._2)

  val pages = data.map(_._4)

  /* 每个 Session 的页面点击统计 */
  val total = pages.size
  /* 获取开始时间和结束时间等信息 */
  val (sessid,starttime,userid,pageurl,visittime,referrer) = data.head
  val endtime = data.last._2

  /* 每个 Session 的时长统计 */
  val timespent = (if (total > 1) (endtime - starttime) / 1000 else 0)
  val exitpage = pages(total - 1)

  val category = categorize(pages)

  new LogFlow(sessid,userid,total,starttime,timespent,referrer,exitpage,
    category)

})
    // 模型类 LogFlow，存储相应信息
    case class LogFlow(
      sessid:String,
      userid:String,
      total:Int,
      starttime:Long,
      timespent:Long,
      referrer:String,
      exitpage:String,
      flowstatus:Int
    )
```

代码中的 val category = categorize（pages）可根据会话中的统计信息将会话分类。不同的应用场景可以有不同的分类方式，本例进行特定页面点击顺序的预测。可以定义预定义的点击顺序是最终用户点击了重要页面，例如广告、商品购买页面等。表 4-1 是相关的分类描述。

表 4-1　分类描述

分　类	描　述
0	用户没有访问任何之前定义的页面
1	访客至少访问了一个页面
2	访客按照之前定义的顺序访问了所有的页面

3. 贝叶斯分类预测

在进行实时日志分析的过程中，存在很多的分类问题。通常要进行实时判断，以区分新来的用户属于哪个类别，进而对其进行实时的推荐，或者进行相应更深入的数据分析。贝叶斯分类是一种常用的分类算法，参见下面相应介绍。

知识拓展：贝叶斯分类简介

在介绍贝叶斯分类之前，先来看看何为分类算法？简单来说，就是将具有某些特性的物体归类对应到一个已知的类别集合中的某个类别上。从数学角度来说，可以做如下定义：

已知集合：$C=\{y_1, y_2, .., y_n\}$ 和 $I=\{x_1, x_2, .., x_m, ..\}$，确定映射规则 $y=f(x)$，使得任意 $x_i \in I$ 有且仅有一个 $y_j \in C$ 使得 $y_j=f(x_i)$ 成立。

其中，C 为类别集合，I 为待分类的物体，f 则为分类器，分类算法的主要任务就是构造分类器 f。

分类算法的构造通常需要一个已知类别的集合来进行训练，通常来说训练出来的分类算法不可能达到 100% 的准确率。分类器的质量往往与训练数据、验证数据、训练数据样本大小等因素相关。

下面介绍如何基于 MLlib 中的贝叶斯分类库进行模型训练，并使用模型进行预测。

（1）模型训练

```
// 数据预处理
val parsedData = data.map { line =>
  val parts = line.split(',')
  LabeledPoint(parts(0).toDouble, Vectors.dense(parts(1).split(' ')
.map(_.toDouble)))
}
// 将数据分为训练集（60%）和测试集（40%）
val splits = parsedData.randomSplit(Array(0.6, 0.4), seed = 11L)
val training = splits(0)
val test = splits(1)
// 调用 MLlib 中的贝叶斯分类库，进行模型训练
val model = NaiveBayes.train(training, lambda = 1.0)
val predictionAndLabel = test.map(p => (model.predict(p.features),
p.label))
```

```
val accuracy = 1.0 * predictionAndLabel.filter(x => x._1 == x._2).count() / test.
count()
// 保存并加载模型
model.save(sc, "myModelPath")
val sameModel = NaiveBayesModel.load(sc, "myModelPath")
```

（2）实时分类预测

后续将数据模型应用于实时日志数据分析中，进行用户转化预测。对潜在用户进行更好的服务。

```
val filteredSessions = sessionLogs.filter(t =>
  model.predict(Utils.featurize(t)) == 2)
filteredSessions.print()
```

通过以上示例，读者可以了解通过构建贝叶斯模型进行分类预测。用户可以根据自身的应用场景进行相应模型的选择。

4.4.5 用 Flask 将日志 KPI 可视化

最终的统计分析结果，通过可视化工具才能让用户更加直观地进行状况的了解和结果的理解，下面讲解如何通过 Flask 将日志的 KPI 可视化。

1. 部署安装 Flask
① 安装 Python 的 MySQL 驱动。

可以使用一条简单的指令：

```
sudo apt-get install python-mysqldb
```

② 编写一个测试语句进行测试。

```
import MySQLdb
conn = MySQLdb.connect(host='MysqlIP', user='USER',passwd='PASSWD')
conn.select_db('python');
cursor = conn.cursor()
cursor.execute("select * from result")
data = cursor.fetchone()
cursor.close()
conn.close()

print data[1]
```

③ 安装 Flask。

```
sudo apt-get install openssh-server
sudo apt-get install python-setuptools
sudo easy_install virtualenv
sudo apt-get install python-virtualenv
```

```
sudo easy_install Flask
```

④ 写一个 Python 的测试程序。

```
hello.py
from flask import Flask
app = Flask(__name__)
@app.route('/')
def hello_world():
return "Hello World!"
if __name__ == '__main__':
app.run(host='0.0.0.0')
```

⑤ 运行 python hello.py。

在浏览器中输入 http://localhost:5000 即可查询程序是否运行良好。

2. Flask 结合 Highcharts 呈现结果

Higcharts 是一个优秀的图表可视化库，本例通过 Flask 调用 Highcharts 进行图表呈现。Flask 程序要定义 result_template.html，通过这个 HTML 可以呈现相关分析结果，调用 Highcharts 的例子如下：

```
@app.route('/make/a/chart')def make_chart():
# 读取 MySQL 中的结果数据
  data = get_data()
  c = Counter
  for each in data:
    c['AGE'] += 1

  highchart_json = {
    'chart': {
      'type': 'column'
    }
    'title': {
      'text': 'arranged by age'
    }
    'x-axis': {
      'categories': [x for x in c]
    }
    'series': {
      'name': 'Groups By Age',
      'data': [c[x] for x in c]
    }
  }
  return render_template('result_template.html', json=highchart_json)
```

在 result_template.html 界面中嵌入如下 JS 代码，使用 Flask 中传入的数据绘制图表，将结果可视化。

```
<script type="text/javascript">
var chart_data = {{ highchart_json|tojson|safe }};</script>
<!-- 下面通过 Highcharts 示例呈现折线图, 代码如下所示 -->
<!doctype html>
<html lang="en">
<head>
<script type="text/javascript"
src="http://cdn.hcharts.cn/jquery/jquery-1.8.3.min.js"></script>
<script type="text/javascript"
src="http://cdn.hcharts.cn/highcharts/highcharts.js">
</script>
<script type="text/javascript"
src="http://cdn.hcharts.cn/highcharts/exporting.js">
</script>
<script>
var chart_data = {{ highchart_json|tojson|safe }};
$(function () {
    $('#container').highcharts({
      Char_data }
      )
 }
</script>
</head>
<body>
 <div id="container" style="min-width:700px;height:400px"></div> </body>
</html>
```

结果呈现如图 4-6 所示。

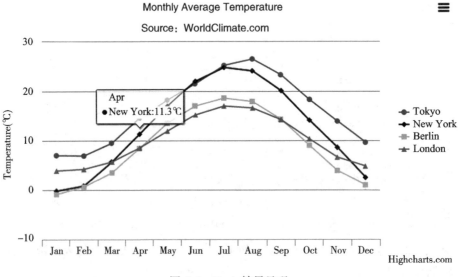

图 4-6 Flask 结果呈现

通过本章的介绍，已经可以构建整个基于 Spark，Kafka，HDFS 的一套日志分析流水线。

4.5　本章小结

本章首先介绍了 Web 日志分析，对常用的日志格式进行了简介。之后又介绍了 Lamda 架构，为了组合离线分析和实时分析的优点，可以将日志分析架构设计为 Lamda 架构。后续对整个日志分析流水线的架构进行介绍，读者可以根据流水线中的各个环节进行其他系统的拓展或者替换，构建自身生产环境的日志分析应用。在本章的后半部分，更加详细地介绍了日志分析的各个环节以及抽象出的处理逻辑，对现实场景进行适当简化，抽取出共性，不同的生产环境产生不同格式的日志以及需要不同的运营分析指标，所以需要定制化的日志处理。

读者通过本章可以初步认识和理解日志分析，其他基于 Spark 的应用将在后续的章节进行介绍。随着云计算如火如荼的发展，越来越多的公司选择将应用构建于云平台之上，接下来的章节将在云平台上如何进行 Spark 数据分析进行介绍。

Chapter 5 | 第 5 章

基于云平台和用户日志的推荐系统

个性化推荐是根据用户的兴趣特点和购买行为，向用户推荐感兴趣的信息和商品。随着电子商务、在线视频、音乐等规模的不断扩大，物品个数和种类快速增长，顾客需要花费大量的时间才能找到自己要买的物品。这种浏览大量无关的信息和物品过程无疑会导致信息过载问题，使消费者不断流失。为了解决这些问题，个性化推荐系统应运而生。

本章将通过在微软云平台 Azure 之上构建整个推荐数据分析流水线，帮助用户了解整个推荐系统的架构、原理。

5.1 Azure 云平台简介

随着云平台的发展，越来越多的公司选择将应用在云端部署，使应用在云端产生越来越多的数据，如何在云平台进行数据分析越来越重要。

Aamazon，微软，Google 等公司的公有云发展势头迅猛。本章基于 Windows Azure 进行介绍，Windows Azure 是微软的公有云平台[⊖]，平台上提供存储、计算、分析等服务组件。

由于本章案例需要采用 Azure 上的系统或者组件，所以首先对案例中涉及的 Azure 组件或系统进行简要介绍。

Azure 向用户提供全套的云服务解决方案，如图 5-1 所示，本实例主要涉及使用

⊖　Windows Azure 简介：http://www.windowsazure.cn/zh-cn/manage/linux/fundamentals/intro-to-windows-azure/。

其中 Execution Model（执行模型）中的网站模型，Data Management（数据管理）中的 Azure Table，Messaging（消息服务）中的 Azure Queues 等。

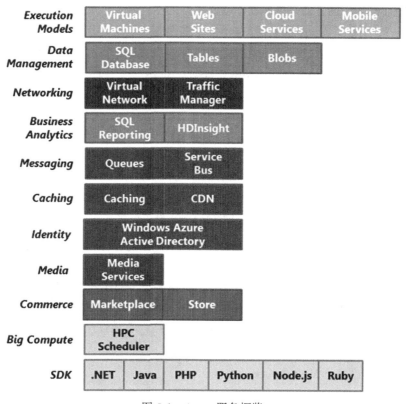

图 5-1　Azure 服务概览

5.1.1　Azure 网站模型

Windows Azure 网站模型允许创建和部署 Web 应用程序。Windows Azure 虚拟机模型提供了极大的灵活性，包括管理访问权限，用户可以用它来构建高度可缩放的应用程序。

Windows Azure 云服务所提供的内容明确用于支持可扩展、可靠且管理任务不多的应用程序，通常称为"平台即服务"（PaaS）。用户有多种技术选择（如 C#、Java、PHP、Python、Node.js 或其他技术）创建一个应用程序。然后，用户代码在运行某个 Windows Server 版本的虚拟机（称为实例）中执行。

Windows Azure 网站模型提供低成本 Web 容器，用户可以有选择地使用相关组件构建云端网站应用。

5.1.2 Azure 数据存储

应用程序需要数据，不同类型的应用程序需要不同类型的数据。因此，Windows Azure 提供了几种不同方法来存储和管理数据。

Azure Storage 是 Azure 面向用户提供的云存储服务，针对用户对不同数据格式的一致性要求，Azure Storage 提供几种数据存储方案，如图 5-2 所示。SQL Database 存储结构化数据，Azure Table 适合存储半结构化数据，Blobs 适合存储非结构化数据。

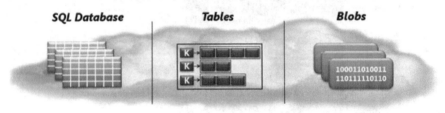

图 5-2　Windows Azure 数据管理

后续的实例中将会涉及 Azure Table，Azure Table 的存储模式如图 5-3 所示，每个 Table 包含若干个 Entities，每个 Entity 包含若干属性，每个属性都存储了 Name，Type 和 Value。但需要注意的是这里的 Table 与传统意义上关系数据库中的 Table 不是一种概念，这里的 Table 里面每个 Entity 可以有不同的属性，换言之，Windows Azure Table 是没有 Schema 的。

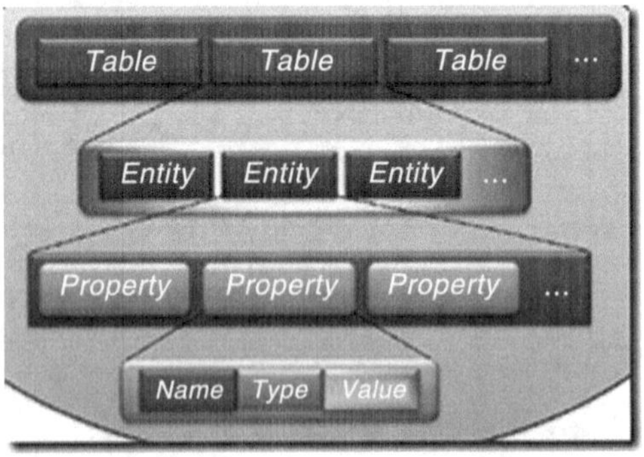

图 5-3　Azure Table 数据存储

5.1.3 Azure Queue 消息传递

Azure 提供实时消息处理的组件 Azure Queue，支持用户实时数据缓存与后续处理。开源的类似项目有 Kafka 等系统，且能够完成相应功能，但是 Azure Queue 使得用户更加方便进行云端数据缓存，同时提供高可用性的保证。

（1）Azure Queue

如图 5-4 所示，队列是一个简单的想法：一个应用程序将一条消息放在一个队列中，而该消息最终被另一个应用程序读取。如果应用程序只需要这种简单的服务，Windows Azure Queue 能够完成相关功能。

当前 Queue 的一种常见用途是让 Web 角色实例与处于同一个云服务应用程序内的辅助角色实例通信。用户应用或者网站可能实时收集用户行为数据，并将数据回传给云端进行缓存，由于其他存储都是针对批处理进行优化，存储模型并不适合实时数据缓存与后续分析，通过使用 Azure Queue 构建先进先出的队列，可以支持用户日志收集以便后续数据分析。

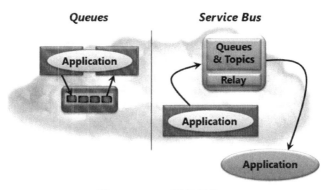

图 5-4　Azure 消息服务

（2）Service Bus

如图 5-4 所示，Azure Service Bus 提供企业级服务总线，服务总线能够将应用进行互联以及解耦。

Windows Azure 队列较早退出，作为专注于 Windows Azure 存储服务的队列存储机制。而 Service Bus 专注于中间人消息通信机制，其目的是应用程序之间的集成或者是应用组件间的多种通信协议、数据交换契约、可信域等。

5.2　系统架构

通过图 5-5，用户可以了解到推荐系统在整个数据分析产品中所处位置。推荐系统是需要搭配用户日志的收集与存储的系统协调运行的。整个系统运行架构中，用户通过访问应用，应用记录用户的访问行为，并通过日志系统将用户日志进行收集与预处理，最后将日志存储在持久化存储中。之后推荐系统通过读取用户行为日志，提取特征，针对用户进行个性化的商品推荐。

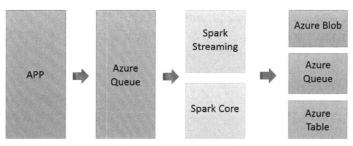

图 5-5　数据产品架构

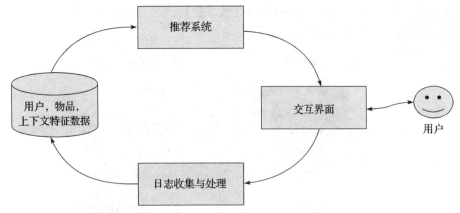

图 5-6 Spark 日志收集与处理模块

通过图 5-6 可以看到整个实时日志收集与处理模块所包含的各个模块，以及各个模块所使用的技术。现有的数据分析流水线包含以下几个部分。

（1）数据收集聚合

图 5-7 展示数据收集与聚合模块，以及各个部分的技术构成。

Spark Streaming 从 Azure Queue 收集数据：通过自定义 Spark Streaming 的接收器，源源不断消费 Azure Queue 中的流式数据。

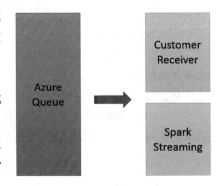

图 5-7 数据收集与聚合

（2）数据处理

Spark Streaming 处理分析用户行为日志数据。例如，可以通过实时聚集，统计报表现有的应用的运营信息，也可以通过离线训练的模型，对实时数据进行预测和标注等。

（3）结果输出

❑ Azure Blob（HDFS）：预处理后的日志输出到 Azure Blob。

❑ Azure Queue：接收的实时数据或者需要继续下游流水线处理的中间结果存储到 Azure Queue，下游由 Spark Streaming 进行进一步的处理和分析。

❑ Azure Table：统计度量的数据结果，这些结果为后续进行数据报表或者可视化工具所使用。

5.3　构建 Node.js 应用

用户的行为日志主要来自于用户访问的 Web 应用，首先构建一个 Node.js 应用，这样就能够通过应用支撑业务，获取到用户行为日志，更好地调整应用支撑业务。

5.3.1　创建 Azure Web 应用

用户在进行应用创建之前首先要注册 Azure 账号，之后再开始构建 Azure 应用。

1）首先用户需要登录到 Azure 控制台，官网链接为 https://portal.azure.com/。

2）单击官网左侧的"＋New"按钮。

3）如图 5-8 所示，单击左侧"Web + Moblie"，然后单击"Website"。

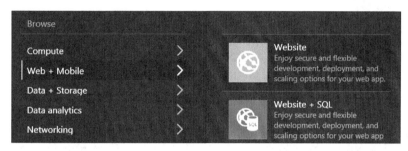

图 5-8　创建 Azure 应用（一）

4）如图 5-9 所示，输入一个自定义 URL。选择服务的计划，如果创建一个新计划，则选择价格、位置和其他的选项。

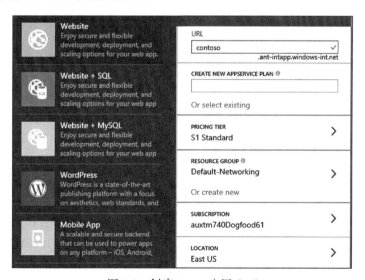

图 5-9　创建 Azure 应用（二）

5）之后单击"create"按钮。一旦状态转换为 Running，这个控制台将会自动打开一个针对用户的 Web 应用的页面，如图 5-10 所示。

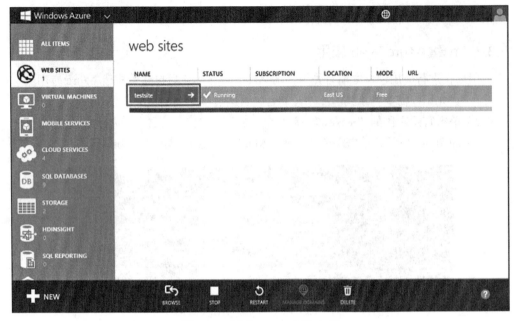

图 5-10　创建 Azure 应用（三）

6）如图 5-11 所示，单击"Set up continuous deployment"进行网站的部署。

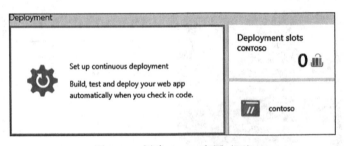

图 5-11　创建 Azure 应用（四）

7）单击"Integrate source control"进行 Github 版本控制的集成，如图 5-12 所示，之后选择 Local Git Repository。单击"OK"按钮。

8）单击"deployment credentials"进行用户授权。创建一个用户名和密码，单击"Save"按钮保存，如图 5-13 所示已经进行用户授权，只需单击相应账号即可进入。

9）如图 5-14 所示，为了发布 Web 应用程序，用户需要推送一个 Git 库。通过单击"All Settings"，之后单击"Properties"，需要的 URL 就在"GIT URL"下列出。

通过图 5-14 中的"Git URL"用户即可克隆或同步应用代码了。之后通过 Github 完成版本控制，可以进行多人协同开发。

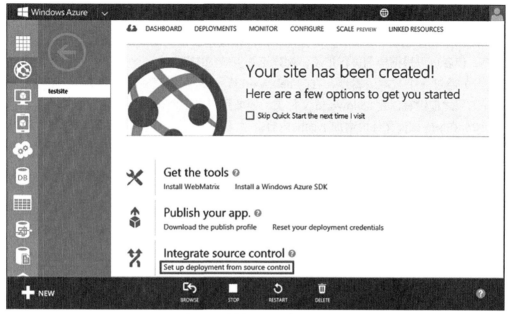

图 5-12　创建 Azure 应用（五）

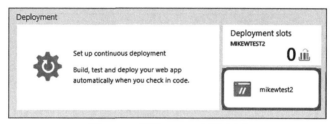

图 5-13　创建 Azure 应用（六）

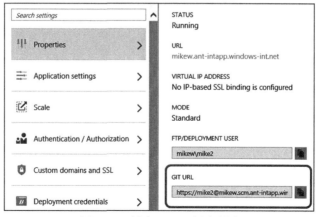

图 5-14　创建 Azure 应用（七）

5.3.2 构建本地 Node.js 网站

在本节将会创建一个 server.js 文件，文件中包含来源于 nodejs.org 的"hello world"样例，读者可以根据样例进行扩展，构建更加复杂的应用。

1）通过一个文本编辑器，在"helloworld"目录下创建一个名字为 server.js 的文件，如果之前没有创建 helloworld 文件夹，需要用户自己创建。

2）在 server.js 文件内增加下面的内容。

```
var http = require('http')
// 访问端口设置为 1337
  var port = process.env.PORT || 1337;
// 创建服务器请求处理逻辑，当用户创建时，页面返回 Hello World。
  http.createServer(function(req, res) {
  res.writeHead(200, { 'Content-Type': 'text/plain' });
  res.end('Hello World\n');}).listen(port);
```

3）打开命令行界面，使用下面的命令去本地启动应用。

```
node server.js
```

4）打开网页浏览器，访问 http://localhost:1337。浏览器将会呈现如图 5-15 所示的界面。

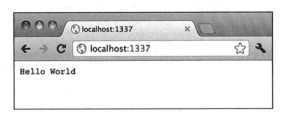

图 5-15　访问应用页面

通过扩展本实例，读者可以添加更为复杂的业务处理逻辑，构建网站应用。

5.3.3 发布应用到云平台

1）通过下面的命令，在"helloworld"目录下初始化一个 git 仓库。

```
git init
```

2）通过下面的命令，为仓库增加新的文件。

```
git add .
git commit -m "initial commit"
```

3）创建一个远程 Git，将本地更新推送到云平台。URL 为 Azure 云平台应用仓库的地址。

```
git remote add azure [URL for remote repository]
```

4）推送本地更新到 Azure。

```
git push azure master
```

5）控制台会提醒用户输入之前注册的密码，输入后将会看到下面的信息。

```
Counting objects: 3, done.Delta compression using up to 8 threads.
Compressing objects: 100% (2/2), done.Writing objects: 100% (3/3), 374
bytes, done.Total 3 (delta 0), reused 0 (delta 0)
remote: New deployment received.
remote: Updating branch 'master'.
remote: Preparing deployment for commit id '5ebbe250c9'.
remote: Preparing files for deployment.
remote: Deploying Web.config to enable Node.js activation.
remote: Deployment successful.To https://user@testsite.scm.azurewebsites.
net/ testsite.git
 * [new branch]       master -> master
```

6）如果后续读者需要更新或者增加业务逻辑，可以通过将本地更新推送到 Azure 的 Web 服务上。打开 server.js 文件，增加‘Hello Azure\n’。

7）在命令行控制台界面输入下面的命令将更新推送到 Azure。

```
git add .
git commit -m "changing to hello azure"
git push azure master
```

8）输入之前注册的密码。

9）将会看到如图 5-16 的更新。

图 5-16　修改后的 Web 应用界面

这样用户可以通过编写更多的服务逻辑，或者通过开源的系统构建自己的网站和应用。

5.4　数据收集与预处理

本章构建的推荐系统的日志数据就是来源于用户在访问用户时的点击日志和其他信息。如何获取用户的点击日志？获取的点击日志后端如何存储和处理？下面的章节将进行介绍。

5.4.1 通过 JS 收集用户行为日志

本节将介绍如何通过 JavaScript 在前端收集和回传用户行为日志，为后续模型训练和实时数据分析提供数据。用户行为日志对推荐系统至关重要，通过用户行为可以为用户打标签，判断用户的兴趣。日志可以通过服务器日志进行收集，也可以通过在网站上嵌入代码进行行为收集，下面将介绍如何通过嵌入日志收集代码，收集和分析用户行为日志。

1. 用户行为数据简介

个性化推荐算法依赖用户行为数据，而在任何一个网站中存在多种类型用户行为数据。用户行为数据可以分为很多类型，下面介绍典型的一些行为类别。

（1）静态信息数据

用户相对稳定的信息，如表 5-1 所示，主要包括人口属性、商业属性等方面的数据。这类信息，往往在注册时或者后续分析容易获取标签，如果企业有真实信息则无需过多建模预测，更多的是数据抽取清洗工作。

表 5-1　典型用户行为数据分类[⊖]

动态信息数据	行为类型	浏览
		搜索
		发表
		赞
	接触点	首页
		单品页
		微博
		广告促销页
静态信息数据	人口属性	性别
		年龄
		地域
		职业
		商圈
	商业属性	消费等级
		消费周期

（2）动态信息数据

用户不断变化的行为信息，广义上讲，一个用户打开网页，买了一个杯子；与该用户傍晚锻炼，玩了一次游戏都是用户行为。当行为集中到互联网，乃至电商，用户行为

⊖　如何构建用户画像：http://www.woshipm.com/pmd/107919.html。

就会聚焦很多，例如：点击单品页，发表微博等。

表 5-2 展示了电商用户行为的分类相应行为的性质。

表 5-2　电商用户行为⊖

用户行为	用户类型	规模	实时性
浏览网页	注册 / 匿名	大	否
商品加入购物车	注册	中	是
购买商品	注册	中	是
评论商品	注册	小	是
搜索商品	注册 / 匿名	大	否

表 5-2 中展示了电子商务网站中的一些主要行为。安装介绍的数据规模和是否需要实时存储，不同的数据存储到不同的存储系统中，实时性较高的需要存储在数据库（MySQL）或者缓存（Redis）中，而大规模非实时存取的数据存储在分布式文件系统（Hadoop 或者 HBase）中。

2. 通过 JS 抓取用户行为数据

下面通过一个开源的 JS 库进行用户行为抓取。本例采用开源工具 jquery-behavior-miner，这个工具库可以通过 JS 监听用户行为，并将行为数据传输给后端的存储或数据分析系统。Github 地址为：

```
https://github.com/posabsolute/jquery-behavior-miner
```

下面将使用并观察此工具的输出。用户可以打开 Index.html 页面，并在自己的 Chrome 浏览器中按下 " F12" 键，默认定义了两种日志输出方式：一种是输出到 Google Analysis，另一种是输出到浏览器控制台。当用户单击页面上的按键，将在 Chrome 的 console 中看到如图 5-17 所示的信息。

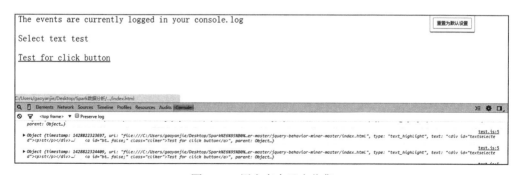

图 5-17　用户点击日志收集

⊖　项亮，《推荐系统实践》。

可以看到日志中记录了：时间戳、URL、点击类型、点击位置的 HTML 内容等信息，如图 5-18 所示。

```
▼ Object {timestamp: 1428823655244, url: "file:///C:/Users/gaoyanjie/De
  Object…} 🔢
    behavior: "User highlighted some text"
  ▶ parent: Object
    text: "button"
    timestamp: 1428823655244
    type: "text_highlight"
    url: "file:///C:/Users/gaoyanjie/Desktop/Spark%E6%95%80%E6%8D%AE%E5
  ▶ __proto__: Object
```

图 5-18 用户点击日志格式

5.4.2 用户实时行为回传到 Azure Queue

本节通过扩展 jquery-behavior-miner 的连接器，将用户行为传输到 Azure Queue。这样为后续的数据分析提供数据源的支持。

（1）自定义连接到 Azure queue

通过图 5-19 可以了解 jquery-behavior-miner 的项目结构，找到 connectors 文件夹，进行自定义输出。

图 5-19 jquery-behavior-miner 项目结构图

在 connectors 文件夹下创建 AzureQueue.js 文件。

可以按如下方式构建 Put Message 请求。建议使用 HTTPS，将 myaccount 替换为存储账户名称，并将 myqueue 替换为队列名称：

在文件中输入如下代码。通过 Azure Queue 的 RESTful API 将消息插入到 Azure Queue。

```
function ( $, window, document, undefined ) {
    $.behaviorMiner.connectors.AzureQueue = {
        init : function()  {
            $(document).on("log_user_behavior", function(e,data){
$.ajax({
<!—配置回传数据的 Azure  Queue 的 URL，这样数据就可以实时回传给云端 Azure  Queue 并进行
后续数据分析了 -->
url:https://myaccount.queue.core.windows.net
/myqueue/messages?visibilitytimeout=<int-seconds>&messagettl=<int-seconds>
                    type:"POST",
                    data:data,
                    contentType:"application/json; charset=utf-8",
                    dataType:"json",
                    success: function(){
                        ...
                    }
                })
            });
        }
    };
})( jQuery, window, document );
```

为了调用前面介绍的 JS 脚本，需要在前段 HTML 页面中添加如下的调用链接源码：

```
<!-- 添加 -->
<script>$(document).behaviorMiner({connector:"AzureQueue"});</script>

<!-- 整个 Html 如下所示 -->
<html lang="en">
    <head>
        <meta http-equiv="content-type" content="text/html; charset=utf-8">
        <title>Agitated User Behavior data miner</title>
        <script type="text/javascript" src="js/jquery.js"></script>
<!—引用 behaviorminer 库 -->
        <script type="text/javascript"
src="js/dist/jquery.behaviorminer.min.js"></script>
        <script type="text/javascript" src="js/connectors/test.js"></script>
    </head>
    <body>
        <p>The events are currently logged in your console.log</p>
        <div id="textselected"><p>Select text test</p></div>
```

```html
        <a id="btnTestClick"  href="" onclick="return false;"
class="cliker">Test for click button</a>


<!--引用 behavior minner 库 -->
    <script>$(document).behaviorMiner({connector:"AzureQueue"});</script>
    </body>
</html>
```

通过上面的介绍，数据已经可以回传到 Azure Queue，下面通过 Spark Streaming 接入 Azure Queue 实时分析与处理 Azure Queue 中的数据。

5.5　Spark Streaming 实时分析用户日志

5.5.1　构建 Azure Queue 的 Spark Streaming Receiver

HDInsight 是 Azure 上的大数据服务，用户可以通过部署 Spark 在 HDInsight 之上进行数据的读取与处理。用户可以参照文档：

https://hdiconfigactions.blob.core.windows.net/sparkconfigactionv03/spark-installer-v03.ps1

构建 Azure 之上的 Spark 服务。

❏ 继承 Receiver 类，自定义针对 Azure Queue 的 Spark Streaming 数据接收器类。

❏ 创建 onStart 方法，添加启动前预处理逻辑。

❏ 创建 onStop 方法，添加停止后清理逻辑。

❏ 创建 receive 方法，进行接收 Azure Queue 数据并转化为 Spark Streaming 可以处理的数据格式。

以下是具体实现：

```scala
// 定义 CustomReceiver 类，并继承 Receiver 类，这样就能够实现自定义的接收器并被 Spark
// Streaming 插件化使用了
class CustomReceiver(storageConnectionString: String, queueName: String,
threadCount: Int)
  extends Receiver[String](StorageLevel.MEMORY_AND_DISK_2) with Logging {
// 添加接收器启动时的处理逻辑
  def onStart() {
    // 创建线程接收连接的数据
    new Thread(" Receiver") {
      override def run() { receive() }
    }.start()
  }
  // 可以添加接收器停止后的处理逻辑
```

```
    def onStop() {
}
  // 创建接收器
  private def receive() {
  // 配置链接字符串和账号
    val storageAccount =  CloudStorageAccount
.parse(storageConnectionString)
// 创建 Azure Queue 连接客户端
    val queueClient = storageAccount.createCloudQueueClient()
    val queue = queueClient.getQueueReference(queueName)
  // 循环读取 Azure Queue 中数据并转换为 Spark Streaming 可以处理的格式
    while (!isStopped()) {
      try {
        val tasks: Seq[Future[Unit]] = for (i <- 1 to threadCount) yield Future{
          val messages = queue.retrieveMessages(32)
          if (messages != null) {
            for (queueMessage <- messages) {
              // 将读取的消息转化为 String 类型
              val queueMessageString =queueMessage.getMessageContentAsString
                store(queueMessageString)
            }
          }
        }
        // 多线程并行读取
        val aggregated: Future[Seq[Unit]] = Future.sequence(tasks)
        Await.result(aggregated, 4.seconds)
      }
      catch {
        case e: Throwable =>
          restart("crashed due to internal error, restarting receiver...", e)
      }
    }
```

通过以上代码逻辑，系统已经可以实时接收来自 Azure Queue 的实时用户行为日志数据了。

5.5.2　Spark Streaming 实时处理 Azure Queue 日志

通过下面的方式，使用之前的自定义数据接收器，后续用户可以基于此进行更复杂的实时数据统计。

本例提供整体处理框架，通过过滤日志中含有 Error 的行为日志，用户可以在此基础之上添加更为复杂的数据分析逻辑，进行实时报表分析。

```
object analysisAzureQueue {
  // Azure Queue 链接字符串
  val storageConnectionString =
    "DefaultEndpointsProtocol=https;" +
```

```
        "AccountName=XXX;" +
        "AccountKey=XXX"
def main(args: Array[String]) {
    //解析参数
    if (args.length < 2) {
      System.err.println("Args: <receiver count><thread count per receiver>")
      System.exit(1)
    }
  val receiverCount = args(0).toInt
  val receiverThreadCount = args(1).toInt
    //创建 Spark Streaming 上下文
    val sparkConf = new SparkConf()
      .setAppName("Test")
      .set("spark.core.connection.ack.wait.timeout", "60")
    val ssc = new StreamingContext(sparkConf, Seconds(5))
    ssc.checkpoint("./checkpointdir")
    //从 Azure Queue 中读取数据
    val inputStreams = (1 to receiverCount).map(_ =>
      ssc.receiverStream( new CustomReceiver(storageConnectionString,
        "TestAzureQueue", receiverThreadCount)))

    val allRead = ssc.union(inputStreams)

    //计算统计信息进行分析
    val events = allRead.filter(message =>
      messages.contains("error")).count
```

5.5.3 Spark Streaming 数据存储于 Azure Table

用户除了能通过 Spark Streaming 实时进行分析，还需要通过 Spark Streaming 实时将接受的数据进行数据清洗和转换，之后存储为历史数据，待后续做更为深入和复杂的分析，例如进行机器学习的模型训练。下面将介绍如何将 Spark Streaming 中处理后的数据存储到 Azure Table 中。

```
import com.microsoft.azure.storage.table._
import java.text.SimpleDateFormat

//定义连接字符串
val storageConnectionString =
    "DefaultEndpointsProtocol=http;" +
    "AccountName=Recommend;" +
    "AccountKey=xxxx"
//编写 Entity 类

class RecommendEntity(userID: Long, MovieID: Long, Rating: Long) extends
  TableServiceEntity("Recommend",
```

```
        java.util.UUID.randomUUID().toString()) {
        def this() {
          this()
        }
        val formatter = new SimpleDateFormat("yyyy-MM-dd-hh.mm.ss");
        private var UserID: String = userID
        private var MovieID: String = movieID
        private var Rating: String = rating
        . . .
        // 预处理后的数据写入到 Azure Table
       processedLogStream.foreachRDD(rdd => {
          rdd.foreachPartition(partitionOfRecords => {
            // 创建连接客户端
            val storageAccount =
      CloudStorageAccount.parse(storageConnectionString)
            val tableClient = storageAccount.createCloudTableClient()
            val cloudTable =
      tableClient.getTableReference("RecommendTable")
            // 获取数据
            partitionOfRecords.foreach(record => {
              // 配置时间戳
              val timestamp = Calendar.getInstance().getTime()
              // 初始化 Azure Table Entity 对象
              val entity = new
      RatingEntity(this.formatter.format(timestamp),
                  record.getOrElse("UserID", 0),
                  record.getOrElse("MovieID", 0),
                  record.getOrElse("Rating", 0)
                  )
              // 设置 Azure Table 数据操作类型
              val tableOperation =
      TableOperation.insertOrReplace(entity)
              cloudTable.execute(tableOperation)
            })
          })
        })
```

5.6　MLlib 离线训练模型

　　MLlib 是 Spark 对常用的机器学习算法的实现库，同时包括相关的测试和数据生成器。
MLlib 目前支持 4 种常见的机器学习问题：二元分类、回归、聚类以及协同过滤，同时也
包括一个底层的梯度下降优化基础算法。本节将会简要介绍通过 MLlib 进行产品推荐。

5.6.1　加载训练数据

　　下面是加载训练数据的实现细节。

```
// 本地运行模式，读取本地的 spark 主目录
var conf = new SparkConf().setAppName("Recommendation")
.setSparkHome("D:\\work\\hadoop_lib\\spark-1.1.0-bin-hadoop2.4\\spark-1.1.0-
bin-hadoop2.4")
    conf.setMaster("Spark URLs")
        // 集群运行模式，读取 spark 集群的环境变量
  val context = new SparkContext(conf)
        // 加载数据，路径是 Azure Blob 中离线数据的存储路径。
    val data = context.textFile("/example/data.txt")
        // 对 rating RDD 的数据进行分解，只需要 userId, moiveId, rating
val ratings = data.map(_.split("\t") match {
        case Array(user, item, rate, time) =>
Rating(user.toInt, item.toInt, rate.toDouble)
    })
```

5.6.2 使用 rating RDD 训练 ALS 模型

本例通过 ALS 算法进行推荐模型的训练。ALS 算法不像基于用户或者基于物品的协同过滤算法一样，通过计算相似度来进行评分预测和推荐，而是通过矩阵分解的方法来进行预测用户对电影的评分。ALS 的思路是通过矩阵分解将矩阵拆分为两个矩阵乘积近似代替原矩阵。

Spark MLlib 中已经实现了 ALS 算法，可以通过调用 ALS 算法进行模型训练，也可以扩展相应算法进行优化，因为在具体的应用场景需要更为细粒度的性能调优和算法优化。

以下是通过调用 Spark MLlib 中的协同过滤算法 ALS 进行模型训练，之后再使用模型进行电影预测。

```
// 调用 MLlib 中 ALS 算法进行模型训练。
 val model = new ALS()
// 配置算法参数
// setRank 设置特征的数量
    .setRank(params.rank)
// setIterations 设置迭代次数
    .setIterations(params.numIterations)
// setLamda 设置正则化因子
    .setLambda(params.lambda)
// 设置用户数据块的个数和并行度
    .setUserBlocks(params.numUserBlocks)
// 设置物品数据块个数和并行度
    .setProductBlocks(params.numProductBlocks)
// 模型训练
// ratings 每条记录为 (userID, productID, rating) 的 RDD
    .run(ratings)
// 电影预测
predictMoive(params, context, model)
// 模型评估
evaluateMode(ratings, model)
```

通过上例了解如何使用 Spark MLlib 中的 ALS 算法进行推荐模型的训练。

5.6.3　使用 ALS 模型进行电影推荐

在 predictMovie 方法中将会通过调用之前训练好的模型，对需要进行推荐的用户进行用户物品推荐，并最后评估检验模型效果。

```
private def predictMoive(params: Params, context: SparkContext, model:
  MatrixFactorizationModel) {
  var recommenders = new ArrayList[java.util.Map[String, String]]();
// 读取需要进行电影推荐的用户数据
  val userData = context.textFile(params.userDataInput)
  userData.map(_.split("\\|") match {
    case Array(id, age, sex, job, x) => (id)
  }).collect().foreach(id => {
// 为用户推荐电影
    var rs = model.recommendProducts(id.toInt, numRecommender)
    var value = ""
    var key = 0
// 保存推荐数据到 Azure Table 中
    rs.foreach(r => {
      key = r.user
      value = value + r.product + ":" + r.rating + ","
    })
// 成功，则封装对象，等待保存到 Azure Table 中
    if (!value.equals("")) {
      var put = new java.util.HashMap[String, String]()
      put.put("rowKey", key.toString)
      put.put("t:info", value)
      recommenders.add(put)
    }
  })
// 保存到到 Azure Table 的 [recommender] 表中
// recommenders 是返回的 java 的 ArrayList, 可以自己用 Java 或者 Scala 写 Azure Table 的操作
// 工具类。用户调用 Azure Table 的 API 写入。
// AzureUtil.saveListMap("recommender", recommenders)
}
}
```

通过上面的步骤可以了解到如何使用训练好的推荐模型。

5.6.4　评估模型的均方差

下面将对模型进行评估，根据评估状况用户可以进一步进行算法的调整和优化。本例通过均方差判断预测值与真实值的误差。均方差是在概率统计中最常使用作为统计分布程度上的测量，它反映组内个体间的离散程度。

```
private def evaluateMode(ratings: RDD[Rating], model:
MatrixFactorizationModel) {
    // 使用训练数据训练模型
    val usersProducets = ratings.map(r => r match {
        case Rating(user, product, rate) => (user, product)
    })
    // 预测数据
    val predictions = model.predict(usersProducets).map(u => u match {
        case Rating(user, product, rate) => ((user, product), rate)
    })
    // 将真实分数与预测分数进行合并
    val ratesAndPreds = ratings.map(r => r match {
        case Rating(user, product, rate) =>
            ((user, product), rate)
    }).join(predictions)

    // 计算均方差
    val MSE = ratesAndPreds.map(r => r match {
        case ((user, product), (r1, r2)) =>
            var err = (r1 - r2)
            err * err
    }).mean()
    // 打印出均方差值
    println("Mean Squared Error = " + MSE)
}
```

通过上面的介绍，读者可以了解到，通过机器学习训练模型进行推荐的流程。首先获取数据，模型训练，模型预测，模型评估，并迭代进行调整或者更新模型，最终达到用户满意的误差范围。

5.7　本章小结

本章首先介绍了 Azure 云平台，对 Azure 之上的云服务进行了概要介绍，读者可以尝试在云平台上构建自己的应用。之后又介绍了整个推荐系统的架构，可以对整个系统有一个全面的了解。后续对整个应用的各个模块进行更为详细的介绍，通过 Node.js 构建 Web 应用，在 Web 应用中产生日志，后台通过日志收集和实时的 Spark Streaming 进行实时分析，最终对离线数据进行推荐。

读者通过本章可以初步认识云平台构建数据分析应用的主要流程和优势，随着云计算的发展，相信未来会有越来越多的应用和数据分析产品在云平台落地。

Twitter 是应用最为广泛的社交媒体类应用，由于其实时性，相比于传统媒体，有大的优势播报突发事件以及群体情感，通过对 Twitter 进行分析有很好的应用意义，下一章节将对如何使用 Spark 进行推特分析进行详细的介绍。

Twitter 情感分析

本章将通过 Spark 对 Twitter 进行分析，分析热点 Twitter 并对 Twitter 进行情感分析。

6.1 系统架构

Twitter 的系统架构，如图 6-1 所示。

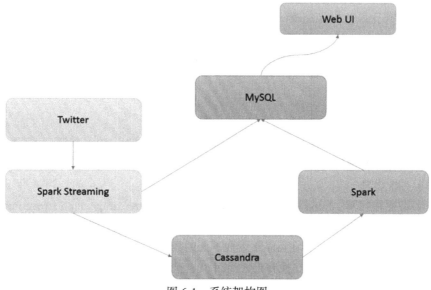

图 6-1 系统架构图

① Spark Streaming Twitter 收集与分析模块：通过 Twitter 和 Spark Streaming 的 API，实时抓取 Twitter 数据。对 Twitter 数据进行实时预处理。通过 Spark Streaming 进行实时聚类和热点 Twitter 分析。

② Cassandra 持久化存储模块：Spark Streaming 同时将实时获取和预处理后的 Twitter 数据存储到后端的分布式 NoSQL 存储引擎 Cassandra 中，为后续 Spark 进行更深入的分析做准备。

③ Spark 分析模块：Spark 读取 Cassandra 中的数据，将数据进行情感分析。

④ MySQL 结果存储模块：实时分析的 Spark Streaming 将最终结果持久化存储到 MySQL 中，同时 Spark 也将情感分析的数据存储到 MySQL 中，这样将数据可视化、结果查询与后端的数据分析系统进行解耦，使得系统具有更好的可扩展性。

6.2 Twitter 数据收集

在互联网应用中，流数据处理是一种常用的应用模式，需要在不同粒度上对不同数据进行统计，保证实时性的同时，又涉及聚合（aggregation）、去重（distinct）、连接（join）等较为复杂的统计需求[⊖]。如果使用 MapReduce 框架，虽然可以容易地实现较为复杂的统计需求，但实时性却无法得到保证；反之，若是采用 Storm 这样的流式框架，实时性虽可以得到保证，但需求的实现复杂度也大大提高了。Spark Streaming 在实时性与复杂统计需求之间找到了一个平衡点，能够满足大多数用户的流计算需求。

Spark Streming 是 Spark 的一个组成部分，提供高可扩展性、高容错性的流处理能力。下面的例子基于 Standalone 的 Spark 程序，接收和处理 Twitter 的真实采样 Twitter 流。在这个例子中，用户可以选择使用 Scala 或者 Java 书写程序。

下面介绍 Berkeley 的 Spark Streaming 示例，读者可以通过这个例子开启 Spark Streaming 之旅。

6.2.1 设置

首先向读者介绍配置 Spark Streaming 程序的基本的方法，然后介绍如何进行 Twitter 流处理需要进行的身份验证令牌的配置。

（1）系统设置

读者需要在官网：https://github.com/amplab/training/tree/ampcamp4/streaming，预先下载示例程序的模板。在用户的集群中，假设下面介绍的模板和程序已经在目录 /root/ streaming/ 下配置，用户将会在目录下发现下面的数据项。

twitter.txt：包含 Twitter 证书细节的文件。

⊖ 示例参考 http://ampcamp.berkeley.edu/big-data-mini-course/realtime-processing-with-spark-streaming.html

1）Scala 用户：

scala/sbt：包含 SBT 工具的目录

scala/build.sbt：SBT 项目文件

scala/Tutorial.scala：主程序，需要用户编辑、编译和运行。

scala/TutorialHelper.scala：包含一些帮助函数的 Scala 文件。

2）Java 用户：

java/sbt：包含 SBT 工具的目录。

java/build.sbt：SBT 项目文件。

java/Tutorial.java Java：主程序，需要用户编辑、编译和运行。

java/TutorialHelper.java：包含一些帮助函数的 Java 文件。

java/ScalaHelper.java：包含一些帮助函数的 Scala 文件。

用户需要进行编辑、编译和运行的主文件是 Tutorial.scala 或者 Tutorial.java. 注意：用户需要在模板文件中更改 sparkUrl。

通过如下代码进行 Spark 作业的配置和 Twitter 连接证书的配置，通过这些预配置才能开始后续的分析处理。

```scala
import org.apache.spark._
import org.apache.spark.SparkContext._
import org.apache.spark.streaming._
import org.apache.spark.streaming.twitter._
import org.apache.spark.streaming.StreamingContext._
import TutorialHelper._
object Tutorial {
  def main(args: Array[String]) {
    // Spark 的目录
    val sparkHome = "/root/spark"
    // Spark 集群的 Master 节点链接
    val sparkUrl = "local[4]"
    // 应用所需要的 jar 包地址
    val jarFile = "target/scala-2.10/tutorial_2.10-0.1-SNAPSHOT.jar"
    // 为了检查点而配置的 HDFS 目录
    val checkpointDir = TutorialHelper.getHdfsUrl() + "/checkpoint/"
    // 使用 twitter.txt 配置twitter 证书
    TutorialHelper.configureTwitterCredentials()
    // 在此处书写用户代码
  }
}
```

为了方便用户，例子中增加了一些帮助函数去配置需要的参数。

getSparkUrl() 是一个帮助函数，用于到 /root/spark-ec2/cluster-url 下获取 Spark 集群的 URL。

configureTwitterCredential() 是一个帮助函数。使用文件 file/root/streaming/twitter.txt 配置 Twitter 证书。这个配置将会在下节进行介绍。

（2）Twitter 证书设置

由于所有的例子都是基于 Twitter 采样 tweet 流，所以首先需要有一个 Twitter 账号配置 OAuth 证书。为了达到这个目的，用户需要使用 Twitter 账号去设置一个消费者的 key+secret 对和访问 token+secret 对。请读者按照下面的步骤通过 Twitter 账号去设置这些临时访问关键字。

1）用户可以打开这个链接 https://dev.twitter.com/apps。用户页面罗列了基于 Twitter 的应用和应用的消费者关键字和访问令牌。如果用户没有创建任何应用，这个界面将会是空的。在这个教程中，用户可以创建一个临时的应用。单击蓝色的 "Create a new application" 按钮。一个新应用的页面将会如图 6-2 所示。需要用户填入一些信息：应用的名字（Name）必须是全局唯一的，所以可以使用 Twitter 的用户名作为前缀。描述（Description）字段，用户可以随意设置。网址（Website）字段，用户可以设置任何网页，但是需要确保是一个有 http:// 前缀的全格式的 URL。单击在 Developer Rules of the Road 下面的 "Yes, I agree" 按钮。填好 CAPTCHA 后单击 "Create your Twitter application" 按钮。

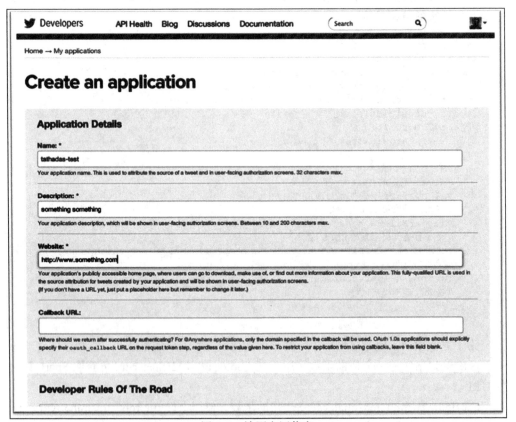

图 6-2　填写应用信息

2）一旦用户创建了应用程序，将会看到一个与图 6-3 相似的确认页面。用户可看到消费者 key 和 secret。为了生成访问 token 和 secret，用户需要单击页面底部的蓝色 "Create my access token" 按钮。注意：在页面顶部会出现小的绿色确认信息，说明令牌已经生成。

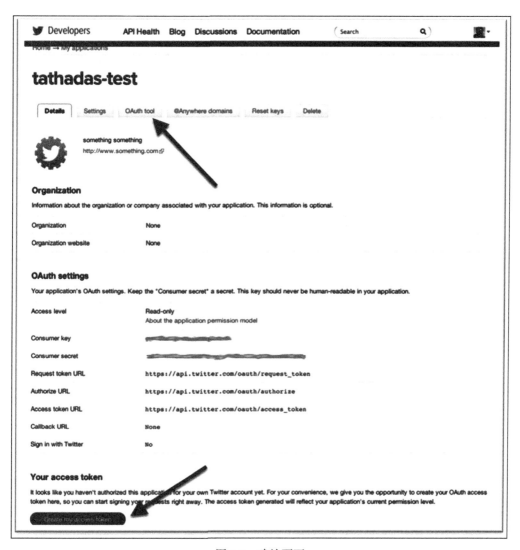

图 6-3　确认页面

3）为了获取证书需要的所有 key 和 secret，在页面的菜单顶部单击 OAuth Tool。用户将会看到类似图 6-4 所示的页面。

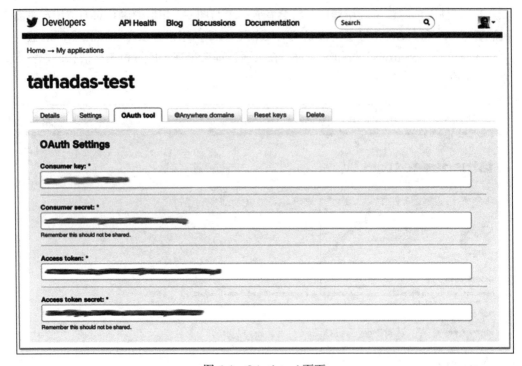

图 6-4　OAuth tool 页面

4）最后，更新 twitter 配置文件。

```
cd /root/streaming/
vim twitter.txt
```

用户会看到下面的模板：

```
consumerKey =
consumerSecret =
accessToken =
accessTokenSecret =
```

请用户复制网页上的值到这个配置文件对应的位置，复制后，应该会出现类似下面的配置。

```
consumerKey = z25xt02zcaadf12 ...
consumerSecret = gqc9uAkjla13 ...
accessToken = 8mitfTqDrgAzasd ...
accessTokenSecret = 479920148 ...
```

确认无误后，保存文件，用户就可以开发 Spark Streaming 程序了。

5）用户如果做完练习不再使用这个 Twitter 应用，可以到官网的页面单击"Delete"

按钮将应用删除，如图 6-5 所示。

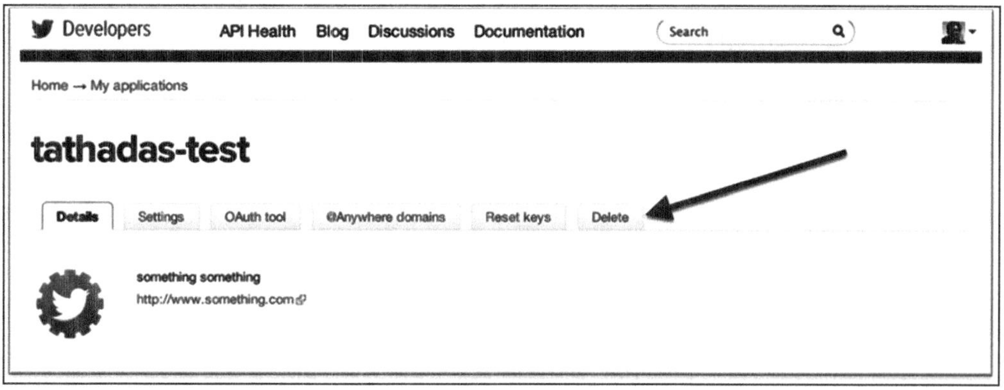

图 6-5　删除应用页面

6.2.2　Spark Streaming 接收并输出 Tweet

下面介绍一个简单的 Spark Streaming 应用程序，它会每秒将接收到的推文打印出来。

1）打开并编辑 Tutorial.scala 文件。

```
cd /root/streaming/scala/
vim Tutorial.scala
```

2）创建 StreamingContext 对象。这个对象是 Spark Streaming 程序的入口。

```
val ssc = new StreamingContext(sparkUrl, "Tutorial", Seconds(1), sparkHome,
    Seq(jarFile))
```

在本例中，创建了一个 StreamingContext 对象，并传入 Spark 集群的 URL（sparkUrl），以及流数据的批处理（batch）持续时间（Seconds(1)），Spark 的根目录（sparkHome），以及程序运行需要的 jar 包（jarFile）、应用程序名（Tutorial）。

```
val tweets = TwitterUtils.createStream(ssc, None)
```

3）使用 StreamingContext 对象创建 tweet 数据流。

tweets 对象是一个 DStream 对象，是一个源源不断的 RDD 流，RDD 中的数据项就是 twitter4j.Status 对象。用户可以通过下面的语句打印出现在的数据流来一探究竟。

```
val statuses = tweets.map(status => status.getText())
    statuses.print()
```

类似本书前几章提到的 RDD 变换（Transformation），在命名为 tweets 的 DStream 上的 map 算子作用在 tweets 的每条数据记录，创建了一个新的 Dstream 叫做 status。

print 函数打印 DStream 中每个 RDD 的前 10 条数据。

如果用户需要进行容错，可以调用 checkpoint 方法，输入参数为 HDFS 文件路径，将数据冗余存储在 HDFS 中。

```
ssc.checkpoint(checkpointDir)
```

4）通过下面两个方法触发整个程序的运行。

```
ssc.start()
ssc.awaitTermination()
```

注意：上面两个参数应该在用户做完所有操作之后再触发。

5）编辑好后保存 Tutorial.scala 文件，在根目录运行下面的命令。

```
sbt/sbt package run
```

这个命令将会自动编译 Tutorial 类。并且在 /root/streaming/[language]/target/scala-2.10/. 目录下创建 jar 包，最后运行这个程序。如果运行成功，读者将会在控制台看到类似下面的日志信息：

```
-------------------------------------------
Time: 1359886325000 ms
-------------------------------------------
RT @__PiscesBabyyy: You Dont Wanna Hurt Me But Your Constantly Doing It
@Shu_Inukai ??????????????????????????????????????????
@Condormoda Us vaig descobrir a la @080_bcn_fashion. Molt bona desfilada.
Salutacions des de #Manresa
RT @dragon_itou: ?RT???????3000????????????????????????????????????????10????
???

??????????????????2?3???9???? #???? http://t.co/PwyA5dsI ? h ...
Sini aku antar ke RSJ ya "@NiieSiiRenii: Memang (?? ?'? )"@RiskiMaris:
Stresss"@NiieSiiRenii: Sukasuka aku donk:p"@RiskiMaris: Makanya jgn"
@brennn_star lol I would love to come back, you seem pretty cool! I just
dont know if I could ever do graveyard again :( It KILLs me
??????????????????????????????????????????????????????????????????????????
?????????????ww
??????????
When the first boats left the rock with the artificers employed on.
@tgs_nth ?????????????????????????????
...


-------------------------------------------
Time: 1359886326000 ms
-------------------------------------------
???????????
```

```
???????????
@amatuki007 ??????????????????????????????
?????????????????
RT @BrunoMars: Wooh!
Lo malo es qe no tiene toallitas
Sayang beb RT @enjaaangg Piye ya perasaanmu nyg aku :o
Baz? ?eyler yar??ma ya da reklam konusu olmamal? d???ncesini yenemiyorum.
????????????MTV???????the HIATUS??
@anisyifaa haha. Cukupla merepek sikit2 :3
@RemyBot ?????????
...
```

6.3　数据预处理与 Cassandra 存储

Cassandra 是一个混合型的非关系型的分布式数据库，类似于 Amazon 的 Dynamo。其主要功能比 Dynamo（分布式的 Key-Value 存储系统）更丰富，但支持度却不如 MongoDB。

Cassandra 的系统架构与 Dynamo 一脉相承，是基于 O(1)DHT（分布式哈希表）的完全 P2P 架构，与传统的基于 Sharding 的数据库集群相比，Cassandra 可以几乎无缝地加入或删除节点，非常适合节点规模变化比较快的应用场景。

Cassandra 的数据会写入多个节点，来保证数据的可靠性，在一致性、可用性和网络分区耐受能力（CAP）的折衷问题上，Cassandra 比较灵活，用户在读取时可以指定要求所有副本一致（高一致性）、读到一个副本即可（高可用性）或是通过选举来确认多数副本一致即可（折衷）。这样，Cassandra 可以适用于有节点、网络失效，以及多数据中心的场景。

本例将通过 Spark 作为计算引擎，Cassandra 作为存储引擎进行数据分析。

6.3.1　添加 SBT 依赖

通过下面的 SBT 依赖，能够引入 Cassandra 的依赖库，在编译之后就可以进行 Cassandra 的调用了，数据在 Cassandra 中进行增删改查。

之后可以通过 sbt assembly 进行相关依赖库的下载，进行相关项目的编译和打包。

如下代码可以在 build.sbt 中配置，作用是在进行构建和打包项目时，SBT 将引入下列库和包，保证项目的完整依赖。

```
libraryDependencies ++= Seq(
    "org.apache.cassandra"  %% "cassandra-thrift"      % "2.1.2"
    "org.apache.cassandra"  %% "cassandra-clientutil"  % "2.1.2"
    "com.datastax.cassandra" %% "cassandra-driver-core" % "2.1.3"
```

```
                "com.datastax.spark"  %%  "spark-cassandra-connector"  % "1.1.0"
    ...
    )
```

6.3.2 创建 Cassandra Schema

如果需要使用 Cassandra 进行数据的存取，首先应该创建 Cassandra 的表模式，如同使用传统单机数据库一样。

将通过如下实例，进行 Cassandra 表模式创建：

```
    def createSchema(): Unit = {
// 创建表模式
    CassandraConnector(conf).withSessionDo { session =>
      session.execute(s"DROP KEYSPACE IF EXISTS $CassandraKeyspace")
      session.execute(s"CREATE KEYSPACE IF NOT EXISTS $CassandraKeyspace WITH
      REPLICATION = {'class': 'SimpleStrategy', 'replication_factor': 1 }")
      session.execute(s"""
            CREATE TABLE IF NOT EXISTS $CassandraKeyspace.$CassandraTable (
                date timestamp ,
                user text,
                text text,
                PRIMARY KEY((date, user))
            ) WITH CLUSTERING ORDER BY (dimension ASC)
            """)
    }
  }
}
```

6.3.3 数据存储于 Cassandra

本节通过 Spark Streaming API，实时将 Twitter 数据存储于 Cassandra 中。

整体思路为：首先初始化证书以及配置 Spark Streaming 参数，之后 Spark Streaming 接收流数据，最后存储于 Cassandra。读者可以在中间阶段扩展更为复杂的数据清洗与处理逻辑。

```
import org.apache.spark.streaming.twitter._
import com.datastax.spark.connector.streaming._
import com.github.nscala_time.time.Imports._
object FilteredTwitterStreamToCassandra extends StreamsWithCassandra {

  def main (args: Array[String]) {
// 初始化与证书创建
    TwitterCredentials.setCredentials()
    val ssc = createStreamingContext(2)
// 获取 Twitter 数据流
```

```
      val stream = TwitterUtils.createStream(ssc, None)
// Twitter 数据流预处理
      val tweets = stream.map { case (status) =>
        (DateTime.now.second(0).millis(0),
         status.getUser.getName, status.getText)}
// Twitter 数据转储到 Cassandra
      tweets.saveToCassandra("twitter", "tweetdata", Seq("date", "user",
      "text"))
      ssc.start()
      ssc.awaitTermination()
  }
}
```

6.4　Spark Streaming 热点 Twitter 分析

在实时 Twitter 分析中，用户希望看到当前的热点 Twitter 话题，通过 Spark Streaming 的滑动窗口的 API，可以满足用户的需求。

通过下面的示例，用户可以统计每分钟的热点 Twitter 话题，统计每分钟和每 10s 窗口内的热点话题，并打印。

程序通过以下步骤进行统计和分析：

1）初始化 Spark Streaming 上下文。

2）创建 Twitter 输入流。

3）对推文预处理，切分出语句。

4）统计热点话题并排序。

5）打印热点话题。

在下面的具体实例中，通过 Spark Streaming 实时分析 Tweets，对文本进行预处理，统计热点话题并选出热点话题输出。以下是具体的实现代码：

```
import org.apache.spark.streaming.{Seconds, StreamingContext}
import StreamingContext._
import org.apache.spark.SparkContext._
import org.apache.spark.streaming.twitter._
object TwitterPopularTags {
  def main(args: Array[String]) {
    if (args.length < 6) {
      System.err.println("Usage: sbt 'run <master> " + "consumerKey consumerSecret
      accessToken accessTokenSecret" +
        " [filter1] [filter2] ... [filter n]"+ "'")
      System.exit(1)
    }
    // 输入参数配置
```

```
val (master, filters) = (args(0), args.slice(5, args.length))

// Twitter 证书验证
val configKeys = List("consumerKey", "consumerSecret", "accessToken",
  "accessTokenSecret")
val map = configKeys.zip(args.slice(1, 5).toList).toMap
configKeys.foreach(key => {
  if (!map.contains(key)) {
    throw new Exception("Error setting OAuth authenticaion - value for " + key
    + " not found")
  }
  val fullKey = "twitter4j.oauth." + key
  System.setProperty(fullKey, map(key))
})
// 初始化 Spark Streaming 上下文
 val ssc = new StreamingContext(master, "TwitterPopularTags",
 Seconds(2),
  System.getenv("SPARK_HOME"),
  StreamingContext.jarOfClass(this.getClass))
// 创建 Twitter 输入流
 val stream = TwitterUtils.createStream(ssc, None, filters)
// 对 Tweets 预处理, 切分出语句
 val hashTags = stream.flatMap(status => status.getText.split("    ")
   .filter(_.startsWith("#")))
 // 统计热点话题并排序
 val topCounts60 = hashTags.map((_, 1)).reduceByKeyAndWindow(_ + _,
   Seconds(60))
                 .map{case (topic, count) => (count, topic)}
                 .transform(_.sortByKey(false))

 val topCounts10 = hashTags.map((_, 1)).reduceByKeyAndWindow(_ + _,
   Seconds(10))
                 .map{case (topic, count) => (count, topic)}
                 .transform(_.sortByKey(false))

  // 打印热点话题
  topCounts60.foreachRDD(rdd => {
  val topList = rdd.take(5)
  println("\nPopular topics in last 60 seconds (%s total):"
    .format(rdd.count()))
  topList.foreach{case (count, tag) => println("%s (%s tweets)"
    .format(tag, count))}
  })
 ssc.start()
 ssc.awaitTermination()
 }
}
```

6.5　Spark Streaming 在线情感分析

本节将介绍如何使用 Spark 进行 Twitter 的情感分析。本例将通过 Stanford NLP 库中的情感分析组件——递归神经网络（Recursive Neural Network，RNN）对 Twitter 进行情感分析。

Stanford NLP Group 是斯坦福大学自然语言处理的团队，开发了多个 NLP 工具，官方网址为：http://nlp.stanford.edu/software/index.shtml。其开发的工具包括以下内容。

1）Stanford CoreNLP：采用 Java 编写的面向英文的处理工具。主要功能包括分词、词性标注、命名实体识别、语法分析等。

2）Stanford Word Segmenter：采用 CRF（条件随机场）算法进行分词，也是基于 Java 开发的，同时可以支持中文和 Arabic。

3）Stanford POS Tagger：采用 Java 编写的面向英文、中文、法语、阿拉伯语、德语的命名实体识别工具。

4）Stanford Named Entity Recognizer：采用条件随机场模型的命名实体工具。

5）Stanford Parser：进行语法分析的工具，支持英文、中文、阿拉伯文和法语。

6）Stanford Classifier：采用 Java 编写的分类器。

将通过如下函数对文本进行情感分析，将文本中的内容进行解析，并通过 Stanford NLP 进行情感分析与打分。

```
import java.util.Properties
import edu.stanford.nlp.ling.CoreAnnotations
import edu.stanford.nlp.neural.rnn.RNNCoreAnnotations
import edu.stanford.nlp.pipeline.StanfordCoreNLP
import edu.stanford.nlp.sentiment.SentimentCoreAnnotations
import scala.collection.JavaConversions._
import scala.collection.mutable.ListBuffer

object SentimentAnalysisUtils {
  val nlpProps = {
    val props = new Properties()
    props.setProperty("annotators", "tokenize, ssplit, pos, lemma, parse,
    sentiment")
    props
  }
  def detectSentiment(message: String): SENTIMENT_TYPE = {
// 初始化
    val pipeline = new StanfordCoreNLP(nlpProps)
    // 处理每一条输入的 Twitter
    val annotation = pipeline.process(message)
    var sentiments: ListBuffer[Double] = ListBuffer()
```

```scala
      var sizes: ListBuffer[Int] = ListBuffer()
      var longest = 0
      var mainSentiment = 0
// 针对解析出的每个句子进行情感分析
      for (sentence <-
        annotation.get(classOf[CoreAnnotations.SentencesAnnotation])) {
        val tree =
          sentence.get(classOf[SentimentCoreAnnotations.AnnotatedTree])
        val sentiment = RNNCoreAnnotations.getPredictedClass(tree)
        val partText = sentence.toString
        if (partText.length() > longest) {
          mainSentiment = sentiment
          longest = partText.length()
        }
        sentiments += sentiment.toDouble
        sizes += partText.length
      }
// 求出整体的主流情感值、平均情感值、加权情感值。
      val averageSentiment:Double = {
        if(sentiments.size > 0) sentiments.sum / sentiments.size
        else -1
      }
      val weightedSentiments = (sentiments, sizes).zipped.map((sentiment, size) =>
      sentiment * size)
      var weightedSentiment = weightedSentiments.sum / (sizes.fold(0)(_ + _))

      if(sentiments.size == 0) {
        mainSentiment = -1
        weightedSentiment = -1
      }

      println("debug: main: " + mainSentiment)
      println("debug: avg: " + averageSentiment)
      println("debug: weighted: " + weightedSentiment)

      /*
       0 -> very negative
       1 -> negative
       2 -> neutral
       3 -> positive
       4 -> very positive
      */
      weightedSentiment match {
        case s if s <= 0.0 => NOT_UNDERSTOOD
        case s if s < 1.0 => VERY_NEGATIVE
        case s if s < 2.0 => NEGATIVE
        case s if s < 3.0 => NEUTRAL
        case s if s < 4.0 => POSITIVE
```

```
          case s if s < 5.0 => VERY_POSITIVE
          case s if s > 5.0 => NOT_UNDERSTOOD
      }
    }

    trait SENTIMENT_TYPE
    case object VERY_NEGATIVE extends SENTIMENT_TYPE
    case object NEGATIVE extends SENTIMENT_TYPE
    case object NEUTRAL extends SENTIMENT_TYPE
    case object POSITIVE extends SENTIMENT_TYPE
    case object VERY_POSITIVE extends SENTIMENT_TYPE
    case object NOT_UNDERSTOOD extends SENTIMENT_TYPE
}
```

```
// 通过 Spark Streaming 对 Tweets 进行在线情感分析，并调用之前介绍的情感分析函数。
object TwitterSentiment extends StreamsWithCassandra {
def main (args: Array[String]) {
        // 初始化与证书创建
    TwitterCredentials.setCredentials()
    val ssc = createStreamingContext(2)
    // 获取 Twitter 数据流
      val stream = TwitterUtils.createStream(ssc, None)
    // Twitter 数据流预处理
    val tweets = stream.map { case (status) => (status.getText)}
    // Twitter 数据进行情感分析
      tweets.map(text => {
    SentimentAnalysisUtils.detectSentiment(text)
    })
    .foreachRDD(rdd => {
        // 将结果存储到 MySQL 中
    ...
  })
    ssc.start()
    ssc.awaitTermination()
  }
}
// 将结果存储到 MySQL 中，在上面的程序中补全 foreachRDD 中的内容。本例使用了库:
// https://github.com/takezoe/scala-jdbc
// 用户也可以通过其他的方式调用 JDBC 进行数据更新。
import jp.sf.amateras.scala.jdbc._
.foreachRDD(rdd => {
  // 将结果存储到 MySQL 中
  rdd.mapPartitions(iter => {
    using(DriverManager.getConnection(
        "jdbc:mysql://localhost:3306/test", "root", "root")){ conn =>
      iter.foreach(result => {
          conn.update(
            sql"INSERT INTO SENTIMENT (SENTIMENT)            VALUES (" +
```

```
                result + ")")
                   })
              }
              iter
       })
  })
```

6.6   Spark SQL 进行 Twitter 分析

下面通过 Spark SQL 对 Tweets 进行离线数据分析，从海量 Tweets 中挖掘出知识和有用的信息。本节使用的数据将比之前的数据模式更加丰富，之前示例主要介绍如何存储，本节侧重使用 Spark SQL 进行具体分析。使用的数据模式可以参照 6.7.2 中的模式进行了解。

6.6.1   读取 Cassandra 数据

下面将通过 Spark 和 Cassandra 的外接库进行数据读取。Github 地址为：
https://github.com/datastax/spark-cassandra-connector 是 datastax 开发的一款 Cassandra 驱动。添加到自己的项目之后即可使用。

通过调用相关第三方库，将通过如下代码读取 Cassandra 数据，并进行格式转换与缓存：

```
import com.datastax.spark.connector._
// 配置并初始化 Spark
val conf = new SparkConf(true)
        .set("spark.cassandra.connection.host", "192.168.123.10")
        .set("spark.cassandra.auth.username", "cassandra")
        .set("spark.cassandra.auth.password", "cassandra")
val sc = new SparkContext("spark://192.168.123.10:7077", "test", conf)
// 读取 Cassandra 中的数据表
val texts = sc.cassandraTable("test", "words").filter(l => l.trim !="")
// 将数据解析为 JSON 格式。
val tweetTable = sqlContext.jsonRDD(texts)
// 由于后续需要使用，缓存数据
tweetTable.registerTempTable("tweetTable")
// 缓存数据
sqlContext.cacheTable("tweetTable")
```

6.6.2   查看 JSON 数据模式

在进行开发的过程中，查看中间结果并进行相关结果的验证有利于更好地开发程序，Spark SQL 中自带的 printSchema 函数能够打印这个阶段 RDD 中数据的表模式，使得读者可以确定如何进行下一步的处理。

通过下面的方法查询 JSON 数据的数据模式，如图 6-6 所示。

```
tweetTable.printSchema()
```

```
------Tweet table Schema---
root
 |-- actor: struct (nullable = true)
 |    |-- displayName: string (nullable = true)
 |    |-- favoritesCount: long (nullable = true)
 |    |-- followersCount: long (nullable = true)
 |    |-- friendsCount: long (nullable = true)
 |    |-- id: string (nullable = true)
 |    |-- image: string (nullable = true)
 |    |-- languages: array (nullable = true)
 |    |    |-- element: string (containsNull = true)
 |    |-- link: string (nullable = true)
 |    |-- links: array (nullable = true)
 |    |    |-- element: struct (containsNull = true)
 |    |    |    |-- href: string (nullable = true)
 |    |    |    |-- rel: string (nullable = true)
 |    |-- listedCount: long (nullable = true)
```

图 6-6　Tweets JSON 数据模式

6.6.3　Spark SQL 分析 Twitter

Spark SQL 能够通过 SQL 进行交互式查询分析，对于快速查询结果与进行数据报表都有很好的支撑。

将通过如下实例使用 Spark SQL 进行一系列 Tweet 的分析。

❑ 采样观察。

❑ Tweet 最活跃语言。

❑ 最早和最晚的发布时间。

❑ 每天最活跃时区。

❑ 最有影响力的人。

❑ 用户最常使用设备。

下面将通过具体实例了解如何进行以上指标的分析：

```
// Tweet 数据采样观察
  sqlContext.sql("SELECT body FROM tweetTable LIMIT 100")
    .collect().foreach(println)
```

```
// 从输入加载所有 Tweet 数据
   val tweets = sqlContext.sql(
"SELECT body FROM tweetTable WHERE body <> ''")
   .map(r => r.getString(0))
 val allcount = tweets.count()
```

```
// 打印每个查询执行时间
  def time[A](f: => A) = {
     val s = System.nanoTime
     val ret = f
     println("query time: "+(System.nanoTime-s)/1e9+" sec")
     ret
  }
```

下面是具体的实现细节与结果打印。

① Query1 打印最活跃的语言。

```
time {
  sqlContext.sql("SELECT actor.languages, COUNT(*) as cnt FROM tweetTable
    GROUP BY actor.languages ORDER BY cnt DESC LIMIT
      25").collect.foreach(println)
  println("Q1 completed.") }
```

查询执行结果如图 6-7 所示。

```
[ArrayBuffer(en),326]
[null,294]
[ArrayBuffer(ja),108]
[ArrayBuffer(pt),83]
[ArrayBuffer(es),80]
[ArrayBuffer(ar),36]
[ArrayBuffer(id),17]
[ArrayBuffer(tr),15]
[ArrayBuffer(fr),12]
[ArrayBuffer(ru),8]
[ArrayBuffer(ko),8]
[ArrayBuffer(th),3]
[ArrayBuffer(en-gb),3]
[ArrayBuffer(zh-cn),3]
[ArrayBuffer(it),2]
[ArrayBuffer(de),1]
[ArrayBuffer(en-GB),1]
Q1 completed.
query time: 3.656890163 sec
```

图 6-7 Query1 执行结果

② Query2 分析最早和最晚的 Tweet 发布时间。

```
time {
  sqlContext.sql("SELECT timestampMs as ts FROM tweetTable WHERE
    timestampMs <> '' ORDER BY ts DESC LIMIT 1").collect.foreach(println)
  sqlContext.sql("SELECT timestampMs as ts FROM tweetTable WHERE
    timestampMs <> '' ORDER BY ts ASC LIMIT 1").collect.foreach(println)
  println("Q2 completed.") }
```

查询 Query2 执行结果如图 6-8 所示。

③ Query3 打印每天最活跃的时区。

```
time {
  sqlContext.sql("""
SELECT
actor.twitterTimeZone,
SUBSTR(postedTime, 0, 9),
COUNT(*) AS total_count
FROM tweetTable
WHERE actor.twitterTimeZone IS NOT NULL
GROUP BY
  actor.twitterTimeZone,
  SUBSTR(postedTime, 0, 9)
ORDER BY total_count DESC
LIMIT 15 """).collect.foreach(println)
}
```

```
[2015-02-12T00:19:21.419+00:00]
[2015-02-12T00:19:18.258+00:00]
Q2 completed.
query time: 0.257053209 sec
```

图 6-8　Query2 执行结果

查询 Query3 执行结果如图 6-9 所示。

```
[Brasilia, 2015-02-1, 51]
[Eastern Time (US & Canada), 2015-02-1, 41]
[Central Time (US & Canada), 2015-02-1, 27]
[Irkutsk, 2015-02-1, 20]
[Tokyo, 2015-02-1, 17]
[London, 2015-02-1, 15]
[Hawaii, 2015-02-1, 15]
[Santiago, 2015-02-1, 13]
[Pacific Time (US & Canada), 2015-02-1, 13]
[Mid-Atlantic, 2015-02-1, 12]
[Seoul, 2015-02-1, 12]
[Quito, 2015-02-1, 12]
[Caracas, 2015-02-1, 12]
[Amsterdam, 2015-02-1, 11]
[Greenland, 2015-02-1, 11]
Q3 completed.
query time: 2.805344431 sec
```

图 6-9　Query3 执行结果

④ Query4 打印最有影响力的人。

```
    time {
    sqlContext.sql("""
SELECT
  t.retweeted_screen_name,
    t.tz,
  sum(retweets) AS total_retweets,
  count(*) AS tweet_count
FROM (SELECT
        actor.displayName as retweeted_screen_name,
        body,
        actor.twitterTimeZone as tz,
        max(retweetCount) as retweets
    FROM tweetTable WHERE body <> ''
    GROUP BY actor.displayName, actor.twitterTimeZone,
            body) t
GROUP BY t.retweeted_screen_name, t.tz
ORDER BY total_retweets DESC
LIMIT 10 """).collect.foreach(println)
}
```

查询 Query4 执行结果如图 6-10 所示。

```
[เด็กติดจริงปะ~, Bangkok, 21655, 1]
[くくる☆, Tokyo, 19210, 1]
[ju, Brasilia, 17902, 1]
[jillian, , , Hawaii, 13748, 1]
[STICKYONTHEBEAT, Central Time (US & Canada), 13425, 1]
[张三 李四, null, 12897, 1]
[Pumpkin Spiced Fishy, Eastern Time (US & Canada), 9381, 1]
[linex, Brasilia, 7540, 1]
[Gab$, Brasilia, 7539, 1]
[n¹ggerella蟹, null, 6823, 1]
Q4 completed.
query time: 81.041715035 sec
```

图 6-10　Query4 执行结果

⑤ Query5 打印所有 Twitter 用户中最常用的设备。

```
time {
  sqlContext.sql("""
    SELECT
      generator.displayName,
      COUNT(*) AS total_count
```

```
FROM tweetTable
WHERE  generator.displayName IS NOT NULL
GROUP BY generator.displayName
ORDER BY total_count DESC
LIMIT 20 """).collect.foreach(println)
}
```

查询 Query5 执行结果如图 6-11 所示。

```
[Twitter for iPhone,211]

[Twitter for Android,123]

[Twitter Web Client,87]

[TweetDeck,22]

[Twitter for iPad,16]

[twittbot.net,16]

[twitterfeed,16]

[Twitter for Android Tablets,6]

[knzmuslim 6, كنز المسلم]

[Instagram,6]

[5, تطبيق تغريد دعاء]

[Twitter for BlackBerry®,5]

[iOS,4]

[Mobile Web (M2),4]

[TweetAdder v4,4]

[【カーセックス w】激写されたカップルの反応いろいろ（20枚）,4]

[Azulito,3]

[Hootsuite,3]

[Facebook,3]

[3, تطبيق أذكاري]
```

图 6-11　Query5 执行结果

通过以上的分析可以将 Tweet 中的很多有趣的规律与知识通过 SQL 分析出来，接下来通过可视化的组件将结果进行可视化和更好的展示。

6.7　Twitter 可视化

随着各种数据分析工具的发展，越来越重要的一个问题产生了，如何将分析出的结果更加友好地展示给最终的用户，让他们有直观的感受？许多数据可视化工具如雨后春笋般产生。如 D3、百度 ECharts、HighCharts 等都是比较常用的工具，下面将以 D3 为例，展示热点 Twitter 的词云。

通过开源的可视化组件 D3，进行词云的构建。

D3 是最流行的可视化库之一，它被很多其他的表格插件所使用。它允许绑定任意数据到 DOM，然后将数据驱动转换应用到 Document 中。可以通过它用一个数组创建基本的 HTML 表格，或是利用它的流体过度和交互，用相似的数据创建惊人的 SVG 条形图。

d3-Cloud 是一个能够构建标签云的小工具。Github 地址为：https://github.com/jasondavies/d3-cloud。

通过 d3-Cloud 可以将之前处理的热点 Tweet 词进行词云的构建，之后可视化展示出来。

```html
<!DOCTYPE html>
<meta charset="utf-8">
<body>
<script src="../lib/d3/d3.js"></script>
<script src="../d3.layout.cloud.js"></script>
<script>
  var fill = d3.scale.category20();
// 调用 D3 词云 API 输出结果
  d3.layout.cloud().size([300, 300])
      .words(
// 用户可将 words 中的数据定制为其他数据源，进行更加灵活的展示。例如，可以将其中的 words
// 替换为 MySQL 中存储的 Twitter 热点词数据源。
      ["Hello", "world", "normally", "you", "want", "more", "words",
      "than", "this"].map(function(d) {
      return {text: d, size: 10 + Math.random() * 90};
    }))
    .padding(5)
    .rotate(function() { return ~~(Math.random() * 2) * 90; })
    .font("Impact")
    .fontSize(function(d) { return d.size; })
    .on("end", draw)
    .start();
// 配置 D3 绘图配置进行展示。
  function draw(words) {
    d3.select("body").append("svg")
      .attr("width", 300)
      .attr("height", 300)
    .append("g")
      .attr("transform", "translate(150,150)")
    .selectAll("text")
      .data(words)
    .enter().append("text")
      .style("font-size", function(d) { return d.size + "px"; })
      .style("font-family", "Impact")
      .style("fill", function(d, i) { return fill(i); })
```

```
    .attr("text-anchor", "middle")
    .attr("transform", function(d) {
      return "translate(" + [d.x, d.y] + ")rotate(" + d.rotate + ")";
    })
    .text(function(d) { return d.text; });
  }
</script>
```

输出和展示 Twitter 词云结果如图 6-12 所示。

图 6-12　热点 Twitter 词云

6.8　本章小结

本章首先对 Twitter、项目背景以及系统进行了简要介绍，系统处理数据为 Twitter。之后介绍了数据分析应用的整体架构，采用 Spark、Spark Streaming、Spark SQL、Cassandra、MySQL 等系统构建整个分析的流水线。后续针对每个模块分别进行详细介绍，实时进行 Twitter 的情感分析，对离线汇总的 Twitter 通过 Spark SQL 进行相应的统计分析。

读者通过本章可以初步认识分析 Twitter 等社交媒体数据的方式，用户可以定制开发数据爬取与输入组件进行新浪微博等其他社交媒体数据的分析。

新闻数据是用户每天都需要浏览的文本数据，通过对新闻进行分析有着很强的现实意义，下面章节将就如何使用 Spark 进行新闻数据分析进行介绍。

热点新闻分析系统

7.1 新闻数据分析

很多互联网公司都在以不同的形式提供热点新闻的服务，例如百度、谷歌、搜狗等，百度新闻系统实时抓取主流媒体的新闻数据，进行相似新闻侦测，并且以此为基础加入手工编辑的话题信息等，形成热点事件的展示页面。百度新闻系统的访问量已经非常可观，由此可见基于新闻的热点事件侦测已成为当前互联网时代不可或缺的技术。

本章将基于 Spark 构建热点新闻分析系统，通过 Spark 进行实时和离线热点新闻的分析。

7.2 系统架构

本节将介绍整个系统的核心架构。通过对整体架构的了解，用户能够变换其中各个部分的组件，构建符合自身生产环境和实验环境需求的分析系统。

系统主要分为几个模块：

1）新闻抓取模块：通过开源爬虫 Scrapy 抓取新闻，并将新闻传输到后端消息中间件 Kafka 和离线 Key-Value 存储引擎 MongoDB。

2）实时新闻分析模块：Spark Streaming 实时从 Kafka 获取新闻消息，进行预处理，实时进行新闻数据分析。

3）离线新闻分析模块：Spark 定期从 MongoDB 中批量读取新闻，进行离线热点新闻分析。

4）可视化呈现界面：通过可视化界面呈现热点新闻、热点关键词等信息。

图 7-1 为系统架构图。

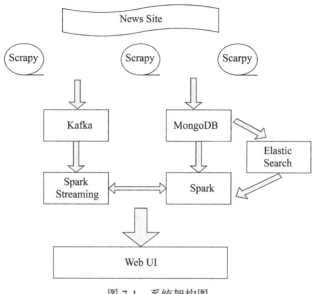

图 7-1　系统架构图

通过以上架构介绍，读者可以对整个系统有直观的了解，下面将对各个模块进行更细节的介绍。

7.3　爬虫抓取网络信息

很多数据产品和系统的数据源是互联网，公共数据的获取需要有爬虫的支撑，本节将通过开源爬虫工具 Scrapy 进行互联网上公共新闻的获取，为后续新闻文本的数据分析准备数据集。

7.3.1　Scrapy 简介

Scrapy 是基于 Python 开发的一个快速、高层次的屏幕抓取和 Web 抓取框架，用于抓取 Web 站点并从页面中提取结构化的数据。Scrapy 用途广泛，可以用于数据挖掘、监测和自动化测试。

Scrapy 很火的原因在于它。提供了更强的灵活性，任何人都可以根据需求方便地修改。它也提供了多种类型爬虫的基类，如 BaseSpider、sitemap 爬虫等，最新版本又提供了 Web2.0 爬虫的支持。随着 Scrapy 的不断发展，后续会涌现出越来越多的功能。

7.3.2 创建基于 Scrapy 的新闻爬虫

下面将介绍如何通过 Scrapy 抓取新闻信息。通过一个具体的实例演示如何自定义爬虫，用户可以根据这个实例进行拓展，配置自己的爬虫。

用 NewYorkTimes 作为网站去抓取新闻，整个抓取过程包含以下几个方面。

❑ 创造一个新的 Scrapy 项目。

❑ 定义将提取的 Item。

❑ 编写一个爬虫去抓取网站并提取 Items。

❑ 编写一个 Item Pipeline 用来存储抓取出来的 Items。

以下是具体的步骤。

（1）创建新的项目

在要抓取之前，首先要建立一个新的 Scrapy 项目。然后进入存放代码目录，执行如下命令。

```
scrapy   startproject   NYtimes
```

它将会创建如下的向导目录：

```
NYtimes/
    scrapy.cfg
    NYtimes/
        __init__.py
        items.py
        pipelines.py
        settings.py
        spiders/
            __init__.py
            ...
```

下面是项目各个模块所代表的意义。

❑ scrapy.cfg：项目的配置文件。

❑ NYtimes/：项目的 python 模块，在这里将会导入相关代码。

❑ NYtimes/items.py：项目 items 文件。

❑ NYtimes/pipelines.py：项目管道文件。

❑ NYtimes/settings.py：项目配置文件。

❑ NYtimes/spiders/：放入 spider 到这个目录中。

（2）定义新闻 Item

Items 是装载抓取新闻数据的容器和类。它们工作像 Python 字典一样，但是它提供更多的保护，比如对未定义的字段提供填充，以防止出现 Null 等异常。

首先将需要的 item 模块化，来控制从 nytimes.com 网站获取的数据，比如要抓取网站的名字、url 和描述信息。定义这 6 种属性的域，编辑 items.py 文件，它在 NYtimes 文件夹下。定义的 Item 类包含以下信息。

```
from scrapy.item import Item, Field
  class NYtimesItem(scrapy.Item):
  //URL 链接
    link = scrapy.Field()
  //分类
    category = scrapy.Field()
  //文章标题
    title = scrapy.Field()
  //作者
    author = scrapy.Field()
  //日期
    date = scrapy.Field()
  //文章主体
    article = scrapy.Field()
```

这个看起来非常复杂，但是定义这些 item 能在使用其他 Scrapy 组件的时候明白 item 含义。

（3）第一个爬虫示例

Spiders 是用户书写的主要的爬虫类，通过它去抓取一个网站的信息（或者一组网站），是整个抓取流程的核心。

首先定义一个初始化的 URLs 列表作为种子 URL 去下载，创建一个 Spider，且必须是 scrapy.spider.BaseSpider 的子类，并定义 3 个主要的、强制性的属性。以便跟踪链接，并解析这些页面的内容去提取 items。

❑ 名字：Spider 的标识，它必须是唯一的，那就是说，不能在不同的 Spiders 中设置相同的名字。

❑ 开始链接：Spider 将会去爬这些 URLs 的列表。所以刚开始的下载页面将要包含在这些列表中。其他子 URL 将会从这些起始 URL 中继承性生成。

❑ parse() 是 spider 的一个方法，调用时候传入从每一个 URL 传回的 Response 对象作为参数。Response 是方法的唯一参数。这个方法负责解析 Response 数据和提出抓取的数据（作为抓取的 Items），跟踪 URLs parse() 方法负责处理 Response 和返回抓取数据（作为 Item 对象）和跟踪更多的 URLs（作为 Request 的对象）。

用户具体看下面的 Spider 示例，这是第一个 Spider 代码，它保存在 NYtimes/spiders 文件夹中，被命名为 NYtimes_spider.py：

```
import scrapy
from NYtimes.items import NYtimesItem

class NYtimesSpider(scrapy.Spider):
```

```
    name = "NYtimes"
    allowed_domains = ["nytimes.com"]
    #start_urls = []
    #for x in xrange(1860,1865):
    #    start_urls.append("http://spiderbites.nytimes.com/free_" + str(x) +
      "/index.html")
```
// 定义种子链接，初始由种子链接开始进行爬取
```
    start_urls = ["http://spiderbites.nytimes.com/free_2014/index.html"]
    baseURL1 = "http://spiderbites.nytimes.com"
```
// 通过 parse 函数解析获取的文本数据，用户可以自定义相关解析规则
```
    def parse(self, response):
        for url in
          response.xpath('//div[@class="articlesMonth"]/ul/li/a/@href')
            .extract():
            yield scrapy.Request(self.baseURL1 + url, callback =
              self.parseNews)
```

（4）通过选择器提取网页信息

目前有多种方式去提取网页中数据。Scrapy 使用的是 XPath 表达式，通常叫做 XPath selectors。如果想了解更多关于选择器和提取数据的机制，可以参考相应教程⊖。

下面将介绍一些常用的表达式和它们相关的含义。

❑ /html/head/title：选择 <title> 元素，在 HTML 文档的 <head> 元素里。

❑ /html/head/title/text()：选择 <title> 元素里面的文本。

❑ //td：选择所有的 <td> 元素。

❑ //div[@class="mine"]：选择所有的 div 元素里面 class 属性为 mine 的元素。

如果用户想要学习更多关于 XPath 的知识，可以通过教程⊜进行学习。

为了更好地使用 XPaths，Scrapy 提供了一个 XPathSelector 类，它有两种方式：HtmlXPathSelector（HTML 相关数据）和 XmlXPathSelector（XML 相关数据）。如果用户想使用它们，用户必须实例化一个 Response 对象。

用户能够把 selectors 作为对象，它代表文件结构中的节点。所以，第 1 个实例的节点相当于 root 节点，或者称为整个文档的节点。

选择器有 3 种方法（单击方法能够看见完整的 API 文档）。

❑ select()：返回选择器的列表，每一个 select 表示一个 xpath 表达式选择的节点。

❑ extract()：返回一个 unicode 字符串，该字符串为 XPath 选择器返回的数据。

❑ re()：返回 unicode 字符串列表，字符串作为参数由正则表达式提取出来。

在爬虫类中定义信息抽取规则，抽取 <li><a></a></li> 标签内 <a></a> 中所指向的

⊖ http://doc.scrapy.org/topics/selectors.html#topics-selectors

⊜ http://www.w3schools.com/XPath/default.asp

href 的链接。

将抽取代码加入到爬虫中。

```
class NYtimesSpider(scrapy.Spider):
. . .  //初始化与启动

def parse(self, response):
    . . . //解析抓取的文本

def parseNews(self, response):
    News = []
    News_urls =
      response.xpath('//ul[@id="headlines"]/li/a/@href').extract()

    News.extend([self.make_requests_from_url(url)
      .replace(callback=self.parseSave) for url in News_urls])
    return News
//抽取 URL 抓取的文档中文本信息，将数据格式化存储在 Item 中
def parseSave(self, response):
    item = NYtimesItem()
    item["link"] = unicode(response.url)
    //抽取类别信息
    item["category"] = unicode(response.url.split("/")[-2])
    //抽取文档标题信息
    item["title"] =
      unicode(response.xpath('//meta[@name="hdl"]/@content')
        .extract()[0])
    //抽取作者信息
    item["author"] =
      unicode(response.xpath('//meta[@name="byl"]/@content')
        .extract()[0])
    //抽取日期信息
    item["date"] =
      unicode(response.xpath('//meta[@name="dat"]/@content')
        .extract()[0])
    //抽取文章信息
    item["article"] = response.xpath('//p/text()').extract()
    yield item
```

（5）抓取

为了能够抓取网页，需要启动整个爬虫运行，到项目的顶级目录后运行：

```
scrapy crawl NYtimes
```

（6）存储抓取数据到 MongoDB。

每当 parse 方法返回一个网页，希望将这个网页发送到一个流水线上，这个流水线能够做一些检查和最终将数据存储到 MongoDB。

在 settings.py 中配置 Mongo 的验证信息如下：

```
    ITEM_PIPELINES = ['NYtimes.pipelines.MongoDBPipeline',]
MONGODB_SERVER = "localhost"
MONGODB_PORT = 27017
MONGODB_DB = "NYtimes"
MONGODB_COLLECTION = "news"
```

定义完验证信息后，下面在 pipelines.py 中的代码将网页数据存储到 MongoDB 中。
首先创建 MongoDB 的链接，然后通过 Python 脚本遍历数据写入 MongoDB。

```
import pymongo from scrapy.exceptions
import DropItem from scrapy.conf
import settings from scrapy
import log
class MongoDBPipeline(object):
def __init__(self):
    connection = pymongo.Connection(settings['MONGODB_SERVER'], settings
    ['MONGODB_PORT'])
    db = connection[settings['MONGODB_DB']]
    self.collection = db[settings['MONGODB_COLLECTION']]

def process_item(self, item, spider):
    valid = True
    // 遍历数据
    for data in item:
      # here we only check if the data is not null
      # but we could do any crazy validation we want
        if not data:
          valid = False
          raise DropItem("Missing %s of news from %s" %(data, item['url']))
    if valid:
      // 向 MongoDB 插入数据
      self.collection.insert(dict(item))
      log.msg('Item wrote to MongoDB database %s/%s' %
            (settings['MONGODB_DB'], settings['MONGODB_COLLECTION']),
            level=log.DEBUG, spider=spider)
    return item
```

（7）存储抓取数据到 Kafka
创建基于 Kafka 的 Pipeline 文件 KafkaPipleline，并在初始化代码中进行配置。
在 process_items 方法中将数据传输到 Kafka，后续的数据流水线将进一步处理。

```
from scrapy.utils.serialize import ScrapyJSONEncoder
from kafka.client import KafkaClient
from kafka.producer import SimpleProducer

class KafkaPipeline(object):
```

```
// 初始化配置 Kafka Topic
def __init__(self, producer, topic):
    self.producer = producer
    self.topic = topic
    self.encoder = ScrapyJSONEncoder()
// 处理和编码每条数据记录，并发送给 Kafka
def process_item(self, item, spider):
    item = dict(item)
    item['spider'] = spider.name
    msg = self.encoder.encode(item)
    self.producer.send_messages(self.topic, msg)
// 初始化配置，并创建客户端和调用写入 Kafka 函数逻辑
@classmethod
def from_settings(cls, settings):
    k_hosts = settings.get('SCRAPY_KAFKA_HOSTS', ['localhost:9092'])
    topic = settings.get('SCRAPY_KAFKA_ITEM_PIPELINE_TOPIC',
                         'scrapy_kafka_item')
    kafka = KafkaClient(k_hosts)
    conn = SimpleProducer(kafka)
    return cls(conn, topic)
```

通过以上介绍，已经可以通过 Scrapy 单机进行爬取和解析数据，并将数据存储于 MongoDB 和 Kafka，为后续进行实时或离线数据处理做好准备。但是，为了达到更高的吞吐，还需要将 Scrapy 进行分布式并行化，将通过下节的实例进行 Scrapy 分布式化介绍。

7.3.3　爬虫分布式化

通过之前章节的讲解，用户已经可以开发和运行单机的爬虫了，但是现有互联网上新闻数量众多，如果抓取海量新闻，就需要将爬虫进行分布式化处理。

（1）无共享队列去重⊖

Scrapy 并没有提供内置的机制支持分布式（多服务器）爬取。不过还是有办法进行分布式爬取，具体的分布式规则取决于用户自己定义及需求。

如果用户有很多 Spider，那分布负载最简单的办法就是启动多个 Scrapyd，并分配到不同机器上。

如果想要在多个机器上运行一个单独的 Spider，那可以将要爬取的 URL 进行分块，并发送给 Spider。例如：

首先，准备要爬取的 URL 列表，并分配到不同的 URL 文件里：

```
http://somedomain.com/urls-to-crawl/spider1/part1.list
http://somedomain.com/urls-to-crawl/spider1/part2.list
```

⊖　Scrapy 无共享队列去重：http://scrapy-chs.readthedocs.org/zh_CN/latest/topics/practices.html。

```
http://somedomain.com/urls-to-crawl/spider1/part3.list
```

接着在 3 个不同的 Scrapd 服务器中启动 Spider。Spider 会接收一个（Spider）参数 part，该参数表示要爬取的分块：

```
curl http://scrapy1.mycompany.com:6800/schedule.json -d project=myproject
-d spider=spider1 -d part=1
curl http://scrapy2.mycompany.com:6800/schedule.json -d project=myproject
-d spider=spider1 -d part=2
curl http://scrapy3.mycompany.com:6800/schedule.json -d project=myproject
-d spider=spider1 -d part=3
```

（2）通过 Redis 去重

另一种方式是通过 Redis 进行 URL 去重，将 Spider 分布式化，主要思路如下

1）修改 pipeline 中 process item 改变存储输出路径，参照 NYtimes 的处理。

2）改变 spider 文件中起始的种子 URL。

感兴趣的用户可以参考一些开源分布式 Scrapy 的实现，定制分布式的 Scrapy 新闻抓取集群。

https://github.com/gnemoug/distribute_crawler 使用 Scrapy、Redis、MongoDB、graphite 实现的一个分布式网络爬虫，底层存储 mongodb 集群，分布式使用 redis 实现，爬虫状态显示使用 graphite 实现。

https://github.com/weizetao/spider-roach 为一个分布式定向抓取集群的简单实现。

7.4 新闻文本数据预处理

首先启动 MongoDB，之后从 MongoDB 中读取爬虫爬取的信息。这样可以对存储在 MongoDB 的重点文本进行数据预处理，为之后更加深入的分析做好准备。

用户已经将之前通过 Scrapy 抓取的新闻离线存储在了 MongoDB 中，通过 Spark 将之前的网页信息读取并进行预处理，抽取出文档 ID 和文本信息，为后续的分析奠定基础。

```
// 初始化 Spark 上下文
    val sc = new SparkContext("local", "Scala Word Count")
// 配置 MongoDB 连接字符串
    val config = new Configuration()
    config.set("mongo.input.uri", "mongodb://127.0.0.1:27017/NYtimes.news")
// 读取 mongoDB 数据
    val mongoRDD = sc.newAPIHadoopRDD(config,
       classOf[com.mongodb.hadoop.MongoInputFormat], classOf[Object],
          classOf[BSONObject])
// 输入数据格式 (ObjectId, BSONObject)
```

```
// 文本读取
    val textRDD = mongoRDD.flatMap(arg => {
    val docID = arg._2.get("_id")
      var text = arg._2.get("text").toString
// 文本预处理，将英文转换为小写，并替换 .,!?\n 字符为空格。
// 读者可以根据需求进行更加复杂的预处理逻辑。
      text = text.toLowerCase().replaceAll("[.,!?\n]", " ")
      (docID, text)
    })
```

通过上面的实例，可以读取相应 MongoDB 的数据，并进行解析与预处理。

7.5　新闻聚类

下面通过一个简单示例，快速进行文本的聚类分析。

通过聚类分析，能够发掘文本中存在的主体，也就是对文本集能够高度概括，使得读者能够更快和更加明了获取文本中的主体和知识，下面将通过向量空间模型进行数据转换，之后通过 KMeans 进行聚类。

7.5.1　数据转换为向量（向量空间模型 VSM）

机器学习本质上主要是进行矩阵运算。所以在特定的应用领域，需要用户建模，并将领域数据转化为向量或矩阵形式。下面介绍文本处理中的一个常用模型：向量空间模型（VSM）。

向量空间模型将文档映射为一个特征向量 $V(d)=(t_1, \omega_1(d); \cdots; t_n, \omega_n(d))$，其中 $t_i(i=1, 2, \cdots, n)$ 为一列互不雷同的词条项，$\omega_i(d)$ 为 t_i 在 d 中的权值，一般被定义为 t_i 在 d 中出现频率 $tf_i(d)$ 的函数，即 $\omega_i(d)=\psi(tf_i(d))$。

在信息检索中，TF-IDF 函数 $\psi - tf_i(d) \times \log\left(\dfrac{N}{n_i}\right)$ 是常用的词条权值计算方法，其中 N 为所有文档的数目，n_i 为含有词条 t_i 的文档数目。TF-IDF 公式有很多变种，下面是一个常用的 TF-IDF 公式。

$$w_i(d) = \frac{tf_i(d)\log\left(\dfrac{N}{n_i} + 0.1\right)}{\sqrt{\sum_{i=1}^{n}\left(tf_i(d)\right)^2 \times \log^2\left(\dfrac{N}{n_i} + 0.1\right)}} \tag{7-1}$$

根据 TF-IDF 公式，文档集中包含某一词条的文档越多，说明该文档区分文档类别属性的能力越低，其权值越小；另一方面，某一文档中某一词条出现的频率越高，说明该文档区分文档内容属性的能力越强，其权值越大。

可以用其对应的向量之间的夹角余弦来表示两文档之间的相似度，即文档 d_i, d_j 的相似度可以表示为：

$$Sim(d_i,d_j) = \cos\theta = \frac{\sum_{k=1}^{n} \omega_k(d_i) \times \omega_k(d_j)}{\sqrt{\left(\sum_{k=1}^{n} \omega_k^2(d_i)\right)\left(\sum_{k=1}^{n} \omega_k^2(d_j)\right)}} \qquad (7\text{-}2)$$

进行查询的过程中，先将查询条件 Q 进行向量化，主要依据布尔模型。

当 t_i 在查询条件 Q 中时，将对应的第 i 坐标置为 1，否则置为 0，即

$$q_i = \begin{cases} 1 & t_i \in Q \\ 0 & t_i \notin Q \end{cases} \qquad (7\text{-}3)$$

文档 d 与查询 Q 的相似度为

$$Sim(Q,d) = \frac{\sum_{i=L}^{n} \omega_k(d) \times q_k}{\sqrt{\left(\sum_{i=1}^{n} \omega_i^2(d)\right)\left(\sum_{i=1}^{n} q_i^2\right)}} \qquad (7\text{-}4)$$

根据文档之间的相似度，结合机器学习的神经网络算法，K- 近邻算法和贝叶斯分类算法等一些算法，可将文档集分类划分为一些小的文档子集。

在查询过程中，可以计算出每个文档与查询的相似度，进而根据相似度的大小，对查询的结果进行排序。

向量空间模型可以实现文档的自动分类，并对查询结果的相似度排序，这能够有效提高检索效率；缺点是相似度的计算量大，当有新文档加入时，则必须重新计算词的权值。

7.5.2 新闻聚类

下面通过将数据进行特征提取转换为向量，之后再通过 K-Means 算法对新闻数据进行聚类，这样就能够统计出热点新闻的类别。

① 特征提取。

通过 HashingTF 类，将文本通过 TF 和 IDF 计算转换为数值空间的向量。HashingTF 以 RDD[Iterable[_]] 作为数据输入，每个记录可以为字符串或者其他类型的迭代器。

```
import org.apache.spark.rdd.RDD
import org.apache.spark.SparkContext
import org.apache.spark.mllib.feature.HashingTF
import org.apache.spark.mllib.linalg.Vector
val sc: SparkContext = ...
```

② 加载文档。

```
val documents: RDD[Seq[String]] = GetDocumentsFromMongoDB(sc)
val hashingTF = new HashingTF()
val tf: RDD[Vector] = hashingTF.transform(documents)
```

③ 当使用 HashingTF 时只需要处理一遍数据，当使用 IDF 时需要处理两遍数据，第一遍计算 IDF 向量，第二遍通过 IDF 计算 TF IDF。

```
import org.apache.spark.mllib.feature.IDF
```

④ 为了复用之前的结果将数据进行缓存。

```
tf.cache()
val idf = new IDF().fit(tf)
val tfidf: RDD[Vector] = idf.transform(tf)
```

⑤ MLlib 的 IDF 实现提供了一个选项，能够忽略出现在过少文本中的单词，使这些单词不再进行 IDF 的计算。在本示例中，默认 IDF 对所有单词的阈值为 0，也就是所有单词都需要计算 IDF，这个特征可以通过传递 minDocFreq 给 IDF 构造器进行配置。

```
import org.apache.spark.mllib.feature.IDF
tf.cache()
val idf = new IDF(minDocFreq = 2).fit(tf)
val tfidf: RDD[Vector] = idf.transform(tf)
```

⑥ Kmeans 聚类，需要导入的模块如下：

```
import org.apache.spark.mllib.clustering.KMeans
import org.apache.spark.mllib.linalg.Vectors
```

⑦ 读入文件即可得到聚类结果。

```
val parsedData = tfidf
val clusters = KMeans.train(parsedData, numClusters, numIterations,
parallRunNums)
```

⑧ 聚类中心。每个聚类中心是和每个训练数据特征个数相同的向量。

```
val clusterCenters=clusters.clusterCenters
```

⑨ 聚类结果标签。将原有数据通过聚类出的中心点判断是哪些类别，并将文本标注出类别。

```
val labels=clusters.predict(parsedData)
```

⑩ 保存结果：

```
labels.saveAsTextFile("results.txt")
```

通过如上实例，将能够分析出，抓取文本中的主题。下面将了解如何通过词向量模型进行同义词的查询与分析。

7.5.3 词向量同义词查询

word2vec 是 Google 于 2013 年开源推出的一个用于获取 word vector 的工具包，它简单、高效，因此引起了很多人的关注。由于 word2vec 的作者 Tomas Mikolov 在两篇相关的论文中并没有谈及太多算法细节，因而在一定程度上增加了这个工具包的神秘感。

Spark MLlib 中实现了 Word2Vec 组件，MLlib 的 word2vec 中使用了 skip-gram 模型和 hierarchical softmax 模型。内部实现保持了和原始 C 实现同样的变量名。

下面通过使用 word2vec 模型进行同义词查找。

（1）初始化

```
val input = sc.textFile("XXX").map(line => line.split(" ").toSeq)
```

（2）创建 word2vec 模型

```
val word2vec = new Word2Vec()
val model = word2vec.fit(input)
```

（3）查找同义词

```
val synonyms = model.findSynonyms("heart", 40)
for((synonym, cosineSimilarity) <- synonyms) {
  println(s"$synonym $cosineSimilarity")
}
```

在如上实例中，读者可以通过抓取数据，存储于 MongoDB，并通过 Spark 进行聚类和同义词分析，但是这些分析都是离线分析的，如果用户还有实时分析需求，可以借鉴下面的实时分析章节。

7.5.4 实时热点新闻分析

之前已经通过 K-Means 将文本进行聚类，并且将模型保存在持久化存储中。下面通过之前聚类的模型，实时将数据进行分类。实时输出关心的话题的实时新闻。

实时数据的来源就是之前通过 Scrapy 爬取的新闻网页，数据存储在 Kafka 的 Topic 中，通过 Spark Streaming 实时对 Kafka 中存储的数据进行分析和类别的判断。

```
println("Initializing Streaming Spark Context...")
```

（1）初始化

```
val conf = new SparkConf().setAppName(this.getClass.getSimpleName)
```

```
val ssc = new StreamingContext(conf, Seconds(5))
```

（2）获取实时新闻数据

```
val news = KafkaUtils.createKafkaStream(ssc, config)
val statuses = news.map(_.getText)
```

（3）读取 K-Means 模型

```
val model = new KMeansModel(ssc.sparkContext.objectFile[Vector](
    modelFile.toString).collect())
```

（4）对新的新闻进行类别判断

```
val filteredNews = statuses
    .filter(t => model.predict(Utils.featurize(t)) == clusterNumber)
    filteredNews.print()
```

通过如上介绍，了解如何实时使用训练出的机器学习模型，并进行实时分析，下面将通过 ElasticSearch 对文本进行全文索引，结合 Spark 进行全文检索。

7.6　Spark Elastic Search 构建全文检索引擎

Elastic Search 是一个基于 Lucene 构建的开源、分布式、RESTful 搜索引擎。设计用于云计算中，能够达到实时搜索，稳定、可靠、快速，安装使用方便。支持通过 HTTP 使用 JSON 进行数据索引。

通过 Elastic Search 使得 Spark 能够具有全文检索能力，为后续的数据处理提供强有力的支持。例如，用户只想对关于"姚明"的新闻进行分析，则可以通过 Elastic Search 检索出的包含姚明的文档，之后再通过 Spark 进行处理。

在正式开始前，需要做些准备。首先，在 SBT 项目中添加依赖。

```
"org.elasticsearch" % "elasticsearch" % "1.5.0"
```

后续将通过开源的项目 spark-es 进行大规模 Elastic Search 数据的读取，并进行 Elastic Search 和 MongoDB 的数据同步。

7.6.1　部署 Elastic Search

下面将对 elasticsearch 组件的安装进行简介。

（1）下载解压

```
wget https://download.elasticsearch.org/elasticsearch/elasticsearch/
elasticsearch-0.90.7.tar.gz
```

```
tar -zxvf elasticsearch-0.90.7.tar.gz
mv elasticsearch-0.90.7 elasticsearch
cd elasticsearch
bin/elasticsearch
```

（2）配置 Elastic Search

下面是 elasticsearch 的配置，ela 可以指定一个集群名，集群里可以配置一个master，多个 node。主节点可以手动配置，当然也可以选举产生。通过下面的配置，选择一台机器是 master，主要修改 config 下面的 elasticsearch.yml。

```
cluster.name: "logstash_ela"
node.name: "elasticsearch_node0"
node.master: true
node.data: true
```

修改 Data 的 node 的 elasticsearch.yml 配置文件：

```
cluster.name: "logstash_ela"
node.name: "elasticsearch_node1"
node.master: false
node.data: true
```

（3）可视化 ela-head 组件安装

```
bin/plugin -install mobz/elasticsearch-head
```

在浏览器中输入 URL：http://ip:9200/_plugin/head 后，如图 7-2 所示。

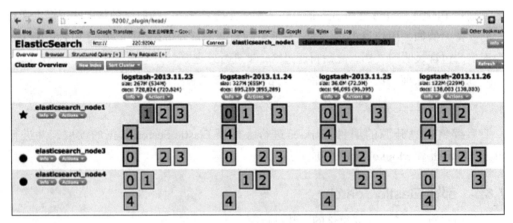

图 7-2   Elastic Search 存储分配

看上面的图片就是索引存储的分配，默认 0 ~ 4 是 5 个分片，由于备份一天的索引就会有 10 个分片。分片周围是粗的线，是主（primary）块，单击出现 true，检索的时候从这里拿，如果是 false 的时候就代表是备份副本的数据。

7.6.2　用 Elastic Search 索引 MongoDB 数据

如图 7-3 所示，Elastic Search（图中 ES）可以对 MongoDB 中的数据进行全文索引，当客户端 Client 进行数据写入时，同时会同步到 ES 中进行更新，当用户读取时先读取 ES 中的索引再进行 MongoDB 中的数据检索。

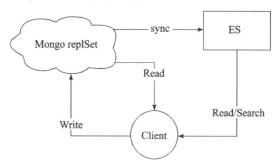

图 7-3　Elastic Search 索引 MongoDB 架构

1. 搭建单机 mongodb 的 replSet

（1）配置 /etc/mongodb.conf

1）增加两个配置：

```
replSet=rs0 # 这里是指定 replSet 的名字 。
oplogSize=100 # 这里是指定 oplog 表数据大小。
```

2）启动 mongodb：

```
bin/mongod --fork --logpath /data/db/mongodb.log -f /etc/mongodb.conf
```

（2）初始化 replicSet

```
root# bin/mongo
```

在 Shell 中输入：

```
>rs.initiate( {"_id" : "rs0", "version" : 1, "members" : [ { "_id" : 0,
"host" : "127.0.0.1:27017" } ]})
```

搭建好 replicSet 之后，退出 mongo shell 重新登录，提示符会变成：

```
rs0:PRIMARY>
```

2. 安装 mongodb-river 插件

插件项目 Github 地址：https://github.com/richardwilly98/elasticsearch-river-mongodb

安装插件命令：

```
bin/plugin --install com.github.richardwilly98.elasticsearch/elasticsearch-
river-mongodb/2.0.0
```

完毕后启动 elasticsearch，正常会显示如下提示信息：

```
root# bin/elasticsearch

...[2015-03-14 19:28:34,179]
[INFO ][plugins] [Super Rabbit] loaded [mongodb-river], sites [river-
mongodb][2015-03-14 19:28:41,032]
[INFO ][org.elasticsearch.river.mongodb.MongoDBRiver] Starting river
mongodb_test[2015-03-14 19:28:41,087]
[INFO ][org.elasticsearch.river.mongodb.MongoDBRiver] MongoDB River Plugin
- version[2.0.0] - hash[a0c23f1] - time[2015-02-23T20:40:05Z][2015-03-14
19:28:41,087]
[INFO ][org.elasticsearch.river.mongodb.MongoDBRiver] starting mongodb
stream. options: secondaryreadpreference [false], drop_collection [false],
include_collection [], throttlesize [5000], gridfs [false], filter [null],
db [test], collection [page], script [null], indexing to [test]/[page]
[2015-03-14 19:28:41,303]
[INFO ][org.elasticsearch.river.mongodb.MongoDBRiver] MongoDB version -
2.2.7
```

3. 创建 meta 信息

（1）创建 mongodb 连接

主要分为如下 3 个部分。

1）type：river 的类型，也就是"mongodb"。

2）mongodb：mongodb 的连接信息。

3）index：elastisearch 中用于接收 mongodb 数据的索引 index 和 type。

```
root# curl -XPUT "localhost:9200/_river/mongodb_mytest/_meta" -d '
 {
 "type": "mongodb",
 "mongodb": {
 "host": "localhost",
 "port": "27017",
 "db": "testdb",
 "collection": "testcollection"
 },
 "index": {
 "name": "testdbindex",
 "type": "testcollection"} }'
```

返回创建成功信息：

```
{"_index":"_river","_type":"mongodb_mytest","_id":"_meta","_
version":1,"created":true}'
```

返回 created 为 true，表示创建成功。

也可通过 curl "http://localhost:9200/_river/mongodb_mytest/_meta" 查看元数据。

其中 mongodb_mytest 为 ${es.river.name}，每个索引名称都不一样，如果重复插入会导致索引被覆盖的问题。

（2）测试 mongodb 插入数据

```
rs0:PRIMARY> db.testcollection.save({name:"stone"})
```

（3）查询之前插入的自定义查询

```
root# curl -XGET 'http://localhost:9200/testdbindex/_search?q=name:stone'
```

返回结果：

```
{"took":2,"timed_out":false,"_shards":{"total":5,"successful":5,
"failed":0},"hits":{"total":1,"max_score":0.30685282,"hits":[{"_
index":"testdbindex","_type":"testcollection","_id":"5322eb23fdfc233ffcfa0
2bb","_score":0.30685282, "_source" : {"_id":"5322eb23fdfc233ffcfa02bb","n
ame":"stone"}}]}}
```

创建 meta 后之前 Mongodb 中已存在的数据也会被索引。

如果原来存储在 MongoDB 的数据不能够被索引：

在 river 建立之后的数据变动会体现在 Elastic Searh 里，但是如果 river 建立前的数据变动没有在 oplog 表里，不能被同步。解决方案是，遍历一次需要导出的表，重新插入到另外一个表里，然后将 river 指定到这个新表，这样新表的变动就可以全部体现在 oplog 里了。

遍历 Mongodb 的表可以通过 cursor 来实现：

```
var myCursor = db.oldcollection.find( { }, {html:0} );
myCursor.forEach(function(myDoc) {db.newcollection.save(myDoc); });
```

7.6.3　通过 Elastic Search 检索数据

通过开源的 Spark Elastic Search 集成项目的 API，可以方便地操作 Elastic Search 中的数据并进行分析。

下面示例演示如何通过 Elastic Search 将数据读取出，这样 Spark 就获取到包含指定关键词的文档集合了。

```
import org.apache.commons.io.FileUtils
import org.apache.spark.SparkContext
import org.elasticsearch.common.settings.ImmutableSettings
import org.elasticsearch.node.NodeBuilder
import org.apache.spark.elasticsearch._

object Tryout {
  def main(args: Array[String]): Unit = {
//上下文初始化
    val sparkContext = new SparkContext("local[2]", "SparkES")
    val dataDir = FileUtils.getTempDirectory
    dataDir.deleteOnExit()
//配置 Elastic Search 连接
    val settings = ImmutableSettings.settingsBuilder()
      .put("path.logs", s"${dataDir.getAbsolutePath}/logs")
      .put("path.data", s"${dataDir.getAbsolutePath}/data")
      .put("index.store.type", "memory")
      .put("index.store.fs.memory.enabled", true)
      .put("gateway.type", "none")
      .put("index.number_of_shards", 1)
      .put("index.number_of_replicas", 0)
      .put("cluster.name", "SparkES")
      .build()
//创建节点和客户端
    val node = NodeBuilder.nodeBuilder().settings(settings).node()
    val client = node.client()
//通过 Elastic Search 读取数据
    client.admin().cluster().prepareHealth("index1")
      .setWaitForGreenStatus().get()
    val documents = sparkContext.esRDD(
      Seq("localhost"), "SparkES", Seq("index1"), Seq("type1"),
        "name:sergey")
    //遍历和打印读取的文档或对符合条件的文档进行后续的操作
    println(documents.count())
    documents.foreach(println)
    //退出清除连接
    sparkContext.stop()
    client.close()
    node.stop()
    node.close()
    FileUtils.deleteQuietly(dataDir)
  }
}
```

通过以上介绍，读者可以对如何结合 Spark 和 Elastic Search 有了初步了解，可以在此基础之上进行更为复杂的扩展和分析。

7.7　本章小结

　　本章首先介绍了新闻数据分析的背景。之后介绍了整个应用的架构，使得读者能够首先对整个数据分析应用有全面的了解。接下来对每个模块进行细化，首先通过 Scrapy 定制新闻网站的爬虫，进行数据采集。对采集后的数据进行预处理并存储于 MongoDB。通过向量空间模型对新闻文本数据进行特征化，对处理后的新闻进行聚类。同时系统的实时模块进行实时热点新闻分析。最后通过 Elastic Search 构建全文索引，提供系统查询功能，同时利用 Spark 进行更深入和细粒度的分析。

　　推荐是数据分析的重要应用领域，如何通过 Spark 进行协同过滤推荐？读者可以通过后续章节一探究竟。

Chapter 8 第8章

构建分布式的协同过滤推荐系统

从第 8 章开始，将介绍 Spark 在机器学习和数据挖掘中的应用。随着互联网的高速发展，社交网络和电子商务等互联网应用已经深入到商业、娱乐、生活和教育的方方面面。全球互联网每天都产生海量的数据，而这些数据中蕴含着不可估量的商业价值。但是传统的数据挖掘和机器学习技术往往不能够高效地进行海量数据的处理，因此如何构建分布式的数据分析系统是当前工业界和学术界的热点之一。

MLlib 是 Spark 中用于处理大规模机器学习任务的强大工具。MLlib 中提供了各种经典分类、聚类和预测算法。基于 Spark 的分布式实现，为海量数据的挖掘提供了简单而且高效的实现方案。本章内容将首先介绍如何利用 Spark 实现基础的推荐系统，使用经典的协同过滤算法进行个性化推荐。

8.1 推荐系统简介

个性化推荐是根据用户的兴趣特点和购买行为，向用户推荐用户感兴趣的信息和商品。随着电子商务规模的不断扩大，商品个数和种类快速增长，顾客需要花费大量的时间才能找到自己想买的商品。这种浏览大量无关的信息和产品过程无疑会使淹没在信息过载问题中的消费者不断流失。为了解决这些问题，个性化推荐系统应运而生。个性化推荐系统是建立在海量数据挖掘基础上的一种高级商务智能平台，以帮助电子商务网站为其顾客购物提供完全个性化的决策支持和信息服务。个性化推荐已经发展出了很多成熟的算法，下面列出一些常用的算法。

（1）协同过滤推荐算法

协同过滤推荐（Collaborative Filtering）是推荐系统中应用最早和最为成功的技术之一。它一般采用最近邻技术，利用用户的历史喜好信息计算用户之间的距离，然后利用目标用户的最近邻居用户对商品评价的加权评价值来预测目标用户对特定商品的喜好程度，系统从而根据这一喜好程度来对目标用户进行推荐。协同过滤最大优点是对推荐对象没有特殊的要求，能处理非结构化的复杂对象，如音乐、电影。

协同过滤推荐技术又分为 3 种类型，包括基于用户的推荐（User-based Recommendation），基于项目的推荐（Item-based Recommendation）和基于模型的推荐（Model-basedRecommendation）。在后面的案例中，会展示如何在 Spark 中实现 3 种不同类型的协同过滤。

（2）基于关联规则的推荐

基于关联规则的推荐（Association Rule-based Recommendation）是以关联规则为基础，把已购商品作为规则头，规则体为推荐对象。关联规则就是在一个交易数据库中挖掘购买了商品集 X 的交易中有多大比例的交易同时购买了商品集 Y。

（3）基于效用的推荐

基于效用的推荐（Utility-based Recommendation）是建立在对用户使用项目的效用情况上计算的，其核心问题是怎么样为每一个用户去创建一个效用函数。因此，用户资料模型很大程度上是由系统所采用的效用函数决定的。

（4）基于知识的推荐

基于知识的推荐（Knowledge-based Recommendation）在某种程度是可以看成是一种推理技术。效用知识（Functional Knowledge）是一种关于一个项目如何满足某一特定用户的知识，因此能解释需要和推荐的关系，所以用户资料可以是任何能支持推理的知识结构，它可以是用户已经规范化的查询，也可以是一个更详细的用户需要的表示。

（5）组合推荐

由于各种推荐方法都有优缺点，所以在实际中组合推荐（Hybrid Recommendation）经常被采用。内容推荐和协同过滤推荐的组合是当前工业界和学术界的一个热点。

8.2　协同过滤介绍

协同过滤算法（collaborative filtering，CF）是推荐系统中应用最广泛的推荐算法之一。协同过滤的实质，就是通过预测用户 – 物品矩阵中缺失的评分，来预测用户对物品的偏好。更加具体地，协同过滤算法主要分为 memory-based CF 和 Model-based CF，而 memory-based CF 包括 User-based CF 和 Item-based CF。

8.2.1 基于用户的协同过滤算法 User-based CF

基于用户的（User-based）协同过滤算法是根据相似用户的偏好信息产生对目标用户的推荐。它基于这样一个假设：如果一些用户对某一类项目的打分比较接近，则他们对其他类项目的打分也比较接近。协同过滤推荐系统采用统计计算方式搜索目标用户的相似用户，并根据相似用户对项目的打分来预测目标用户对指定项目的评分，最后选择相似度较高的前若干个相似用户的评分作为推荐结果，并反馈给用户。这种算法不仅计算简单且精确度较高，被现有的协同过滤推荐系统广泛采用。User-based 协同过滤推荐算法的核心就是通过相似性度量方法计算出最近邻居集合，并将最近邻的评分结果作为推荐预测结果返回给用户。

例如，在表 8-1 所示的用户－项目评分矩阵中，行代表用户，列代表项目（电影），表中的数值代表用户对某个项目的评价值。现在需要预测用户 Tom 对电影《超能总动员》的评分（用户 Lucy 对电影《变形金刚》的评分是缺失的数据）。

表 8-1　电影的用户－项目评分矩阵

项目 用户	《赛车总动员》	《复仇者联盟》	《变形金刚》	《超能总动员》
John	4	4	5	4
Mary	3	4	4	2
Lucy	2	3		3
Tom	3	5	4	

由表 8-1 不难发现，Mary 和 Pete 对电影的评分非常接近，Mary 对《赛车总动员》《复仇者联盟》《变形金刚》的评分分别为 3、4、4，Tom 的评分分别为 3、5、4，他们之间的相似度最高，因此 Mary 是 Tom 的最接近的邻居，Mary 对《超能总动员》的评分结果对预测值的影响占据最大比例。相比之下，用户 John 和 Lucy 不是 Tom 的最近邻居，因为他们对电影的评分存在很大差距，所以 John 和 Lucy 对《超能总动员》的评分对预测值的影响相对小一些。在真实的预测中，推荐系统只对前若干个邻居进行搜索，并根据这些邻居的评分为目标用户预测指定项目的评分。由上面的例子不难知道，User-based 协同过滤推荐算法的主要工作内容是用户相似性度量、最近邻居查询和预测评分。

目前主要有两种度量用户间相似性的方法，分别是余弦相似性和修正的余弦相似性。

（1）余弦相似性（Cosine）

用户－项目评分矩阵可以看作是 n 维空间上的向量，对于没有评分的项目将评分值设为 0，余弦相似性度量方法是通过计算向量间的余弦夹角来度量用户间相似性的。设向量 i 和 j 分别表示用户 i 和用户 j 在 n 维空间上的评分，则用基于协同过滤的个性化推荐算法研究用户 i 和用户 j 之间的相似性为

$$sim(i,j) = \cos(\boldsymbol{i}, \boldsymbol{j}) = \frac{\boldsymbol{i} \cdot \boldsymbol{j}}{\|\boldsymbol{i}\| \cdot \|\boldsymbol{j}\|} \tag{8-1}$$

（2）修正的余弦相似性（Adjusted Cosine）

余弦相似度未考虑到用户评分尺度问题，如在评分区间［1-5］的情况下，对用户甲来说评分 3 以上就是自己喜欢的，而对于用户乙，评分 4 以上才是自己喜欢的。通过减去用户对项的平均评分，修正的余弦相似性度量方法改善了以上问题。设向量 $\overline{R}_i$ 和 $\overline{R}_j$ 分别表示用户 i 和用户 j 在 n 维空间上的评分均值，则用户 i 和用户 j 之间的相似性为

$$sim(i, j) = \cos(\boldsymbol{i} - \overline{R}_i, \boldsymbol{j} - \overline{R}_j) = \frac{(\boldsymbol{i} - \overline{R}_i) \cdot (\boldsymbol{j} - \overline{R}_j)}{\|\boldsymbol{i} - \overline{R}_i\| \cdot \|\boldsymbol{j} - \overline{R}_j\|} \tag{8-2}$$

基于上述相似性指标得到目标用户的最近邻居以后，就可以预测对目标用户的推荐结果。设 N_u^k 为用户 u 最近的 k 个邻居的集合，则用户 u 对项 j 的预测评分 $R_{u,i}$ 计算公式如下：

$$R_{u,i} = \overline{R}_i + \frac{\sum_{v \in N_u^k} sim(u,v)(R_{v,i} - \overline{R}_v)}{\sum_{v \in N_u^k} sim(u,v)} \tag{8-3}$$

8.2.2　基于项目的协同过滤算法 Item-based CF

基于项目的（Item-based）协同过滤是根据用户对相似项目的评分数据来预测目标项目的评分，它是建立在如下假设基础上的：如果大部分用户对某些项目的打分比较相近，则当前用户对这些项的打分也会比较接近。Item-based 协同过滤算法主要对目标用户所评价的一组项目进行研究，并计算这些项目与目标项目之间的相似性，然后从选择前 k 个最相似度最大的项目输出，这是与 User-based 协同过滤的区别所在。仍拿表 8-1 所示的用户—项目评分矩阵作为例子，还是预测用户 Tom 对电影《超能总动员》的评分（用户 Lucy 对电影《变形金刚》的评分是缺失的数据）。

通过数据分析发现，电影《赛车总动员》的评分与《超能总动员》评分非常相似，前三个用户对《赛车总动员》的评分分别为 4、3、2，前三个用户对《超能总动员》的评分分别为 4、3、3，他们二者相似度最高，因此电影《赛车总动员》是电影《超能总动员》的最佳邻居，因此《赛车总动员》对《超能总动员》的评分预测值的影响占据最大比例。而《复仇者联盟》和《变形金刚》不是《超能总动员》的好邻居，因为用户群体对它们的评分存在很大差距，所以电影《复仇者联盟》和《变形金刚》对《超能总动员》的评分预测值的影响相对小一些。在真实的预测中，推荐系统只对前若干个邻居进行搜索，并根据这些邻居的评分为目标用户预测指定项目的评分。

由上面的例子不难知道，Item-based 协同过滤推荐算法的主要工作内容是最近邻居查询和产生推荐。因此，Item-based 协同过滤推荐算法可以分为最近邻查询和产生推荐

两个阶段。最近邻查询阶段是要计算项目与项目之间的相似性，搜索目标项目的最近邻居；产生推荐阶段是根据用户对目标项目的最近邻居的评分信息预测目标项目的评分，最后产生前 N 个推荐信息。

　　Item-based 协同过滤算法的关键步骤仍然是计算项目之间的相似性并选出最相似的项目，这一点与 User-based 协同过滤类似。计算两个项目 i 和 j 之间相似性的基本思想是首先将对两个项目共同评分的用户提取出来，并将每个项目获得的评分看作是 n 维用户空间的向量，再通过相似性度量公式计算两者之间的相似性。

　　分离出相似的项目之后，下一步就要为目标项目预测评分，通过计算用户 u 对与项目 i 相似的项目集合的总评价分值来计算用户 u 对项目 i 的预期。这两个阶段的具体公式和操作步骤与基于用户的协同过滤推荐算法类似，所以在此不再赘述。

　　与基于内容的推荐算法相比，memory-based CF 有下列优点：能够过滤难以进行机器自动基于内容分析的信息，如艺术品、音乐；能够基于一些复杂的，难以表达的概念（信息质量、品位）进行过滤。然而，memory-based CF 也存在着以下的缺点：用户对商品的评价非常稀疏，这样基于用户的评价所得到的用户间的相似性可能不准确（即稀疏性问题）；随着用户和商品的增多，系统的性能会越来越低（即可扩展性问题）；如果从来没有用户对某一商品加以评价，则这个商品就不可能被推荐（即冷启动问题）。

8.2.3　基于模型的协同过滤推荐 Model-based CF

　　现实生活中的用户 – 项目矩阵极大（用户数量和项目数量都极大），而用户的兴趣和消费能力有限，对单个用户来说消费的物品，产生评分记录的物品是极少的。这样造成了用户 – 项目矩阵含有大量的空值，数据极为稀疏。而通常，假定用户的兴趣只受少数几个因素的影响，因此稀疏且高维的用户 – 项目评分矩阵可以分解为两个低维矩阵，分布表示用户的特征向量和项目的特征向量。用户的特征向量代表了用户的兴趣，物品的特征向量代表了物品的特点，且每一个维度相互对应，两个向量的内积表示用户对该物品的喜好程度。矩阵分解是 Model-based 协同过滤推荐中最关键的技术之一，就是通过用户特征矩阵 U 和物品特征矩阵 V 来重构的低维矩阵预测用户对产品的评分，其示意图如图 8-1 所示。

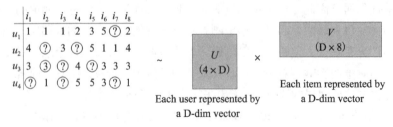

图 8-1　基于模型的协同过滤

常用的协同过滤矩阵分解算法包括如下 3 种。

（1）奇异值分解（Singular Value Decomposition，SVD）

矩阵的奇异值分解 SVD 是最简单的一种矩阵分解算法，SVD 将用户 – 项目评分矩阵 R 直接分解为用户特征矩阵 U、奇异值矩阵 Σ 和物品特征矩阵 V 的乘积。

$$M = U\Sigma V^* \tag{8-4}$$

式中，U 是 m 阶酉矩阵；Σ 是 $m \times n$ 阶实对角矩阵；而 V^*（V 的共轭转置）也是 n 阶酉矩阵。Σ 对角线上的元素 $\Sigma_{i,i}$ 为 R 的奇异值。

但是如上所述，用户 – 项目评分矩阵维度较高且极为稀疏，传统的奇异值分解方法只能对稠密矩阵进行分解，即不允许所分解矩阵有空值。因此，若采用奇异值分解，需要首先填充用户 – 项目评分矩阵。显然，这样会造成了两个问题：其一，填充大大增加了数据量，增加了算法复杂度；其二，简单粗暴的数据填充很容易造成数据失真。如果不填充评分矩阵，将空值设置为 0，那么奇异值分解又会造成过学习的问题。

（2）正则化矩阵分解（Regularized Matrix Factorization）

为了解决稀疏矩阵分解的过学习问题，一个常见的做法是在优化目标中加入正则项。因为矩阵分解的常用评价指标是均方根误差（Root Mean Squared Error，RMSE），那么可以直接最小化 RMSE 学习用户特征矩阵 U 和物品特征 V，并加入一个正则化项来避免过拟合。其需要优化的函数为

$$\min_{U,V} \sum_{(u,i) \in K} (R_{u,i} - U_u^T V_i)^2 + \lambda(\|U_u\|^2 + \|V_i\|^2) \tag{8-5}$$

式中，K 为已有评分记录的 (u,i) 对集合；$R_{u,i}$ 为用户 u 对物品 i 的真实评分；$\|U_u\|^2 + \|V_i\|^2$ 为防止过拟合的正则化项；λ 为正则化系数。假设输入评分矩阵 R 为 $m \times n$ 维矩阵，通过直接优化以上损失函数得到用户特征矩阵 $U_{m \times t}$ 和物品特征矩阵 $V_{t \times n}$，其中 $t << m, n$。优化方法可以采用交叉最小二乘法或随机梯度下降方法。其评分预测方法为

$$\hat{R}_{u,i} = U_u^T V_i \tag{8-6}$$

式中，U_u、V_i 分别表示为用户 u 和物品 i 的特征向量，两者的内积即为所要预测的评分。

（3）带偏置的矩阵分解（Biased Matrix Factorization）

基本的矩阵分解方法通过学习用户和物品的特征向量进行预测，即用户和物品的交互信息。用户的特征向量代表了用户的兴趣，物品的特征向量代表了物品的特点，且每一个维度相互对应，两个向量的内积表示用户对该物品的喜好程度。但是观测到的评分数据大部分都是与用户或物品无关的因素产生的效果，即有很大一部分因素是和用户对物品的喜好无关而只取决于用户或物品本身特性的。例如，对于宽容的用户来说，它的评分行为普遍偏高，而对挑剔的用户来说，他的评分记录普遍偏低，即使他们对同一物品的评分相同，但是他们对该物品的喜好程度却并不一样。同理，对物品来说，以电影为例，受大众欢迎的电影得到的评分普遍偏高，而一些烂片的评分普遍偏低，这些因素

都是独立于用户或产品的因素，而和用户对产品的喜好无关。

把这些独立于用户或独立于物品的因素称为偏置（Bias）部分，将用户和物品的交互即用户对物品的喜好部分称为个性化部分。事实上，在矩阵分解模型中偏好部分对提高评分预测准确率起的作用要大大高于个性化部分所起的作用。偏置部分为

$$b_{u,i} = \mu + b_u + b_i \qquad (8-7)$$

偏置部分主要由 3 个子部分组成，分别如下。

1）训练集中所有评分记录的全局平均数 μ，表示了训练数据的总体评分情况，对于固定的数据集，它是一个常数。

2）用户偏置 b_u，独立于物品特征的因素，表示某一特定用户的打分习惯。例如，挑剔的用户对于评分比较苛刻，倾向于打低分；而宽容的用户则打分偏高。

3）物品偏置 b_i，独立于用户兴趣的因素，表示某一特定物品得到的打分情况。以电影为例，好片获得的总体评分偏高，而烂片获得的评分普遍偏低，物品偏置捕获的就是这样的特征。

以上所有偏置和用户对物品的喜好无关，将偏置部分当作基本预测，在此基础上添加用户对物品的喜好信息，即个性化部分，因此得到总评分预测公式如下。

$$\min_{U,V,b,\mu} \sum_{(u,i) \in K} (R_{u,i} - \mu - b_u - b_i - U_u^T V_i)^2 + \lambda (\|U_u\|^2 + \|V_i\|^2 + b_u^2 + b_i^2) \qquad (8-8)$$

优化以上函数，分别获得用户特征矩阵 U、物品特征矩阵 V、各用户偏置 b_u、各物品偏置 b_i，优化方法仍可采用交叉最小二乘或随机梯度下降。预测方法为：

$$\hat{R}_{u,i} = \mu + b_u + b_i + U_u^T V_i \qquad (8-9)$$

8.3　基于 Spark 的矩阵运算实现协同过滤算法

8.3.1　Spark 中的矩阵类型

协同过滤算法中涉及了许多的矩阵计算。当用户和项目的规模达到海量的规模时，即使是基础的矩阵操作也会消耗巨大的计算资源。Spark 提供了矩阵不同方式的分布式的存储，包括的基本类型如下。

❑ DistributedMatrix：DistributedMatrix 是 Spark 中所有分布式矩阵的父类。目前实现的子类有 BlockMatrix，CoordinateMatrix，RowMatrix 和 IndexedRowMatrix，且不同类型矩阵之间能相互转换。

❑ BlockMatrix：BlockMatrix 提供了按块存储的分布式矩阵。BlockMatrix 的每一个分块是一个本地 Matrix 对象，BlockMatrix 是 Matrix 分块和对应分块坐标的 RDD。

❑ CoordinateMatrix：CoordinateMatrix 提供了按元素存储的分布式矩阵，是矩阵元素对象 MatrixEntry 的 RDD。

❑ RowMatrix：RowMatrix 提供了按行存储的分布式矩阵，是 Vector 对象的 RDD。

❑ IndexedRowMatrix：IndexedRowMatrix 是添加了行索引的 RowMatrix。

上述的分布式矩阵类型都在 org.apache.spark.mllib.linalg.distributed 下。

8.3.2　Spark 中的矩阵运算

除了矩阵的分布式表示，Spark 还提供了多种矩阵计算操作。但是受矩阵存储方式的限制，每种类型的矩阵表示通常只支持部分的矩阵操作。这里以 RowMatrix 为代表介绍 Spark 中支持的矩阵操作（其他请读者参考 Spark 的官方 API Doc）。

❑ def columnSimilarities(threshold: Double): CoordinateMatrix：计算矩阵中每两列之间的余弦相似度，结果返回 CoordinateMatrix 类型的上三角矩阵。结果中的第 i 行第 j 列元素就是原矩阵第 i 列和第 j 列的相似度。输入参数" threshold: Double"是使用近似算法的阈值，" threshold"越大则运算速度越快而结果误差越大。"threshold"设为 0 则返回精确值。

❑ def computeCovariance(): Matrix：计算矩阵中行向量的协方差矩阵，结果返回 Matrix 对象。

❑ def computeGramianMatrix(): Matrix：假设原始矩阵为 A，则返回 $A^T A$ 的结果。

❑ def computePrincipalComponents(k: Int): Matrix：求解矩阵的主成分分析（Principal Component Analysis，PCA），返回前 k 个主成分向量，返回 $n \times k$ 的本地矩阵 Matrix。

❑ def computeSVD(k: Int, computeU: Boolean = false, rCond: Double = 1e-9): SingularValueDecomposition[RowMatrix, Matrix]：求解矩阵的奇异值分解，返回前 k 个奇异值和相应的奇异特征向量 U 和 V（如果 computeU 设为 false，则不返回 U 的结果）。rCond 控制奇异值的过滤阈值，即若得到的奇异值小于 rCond，则将其置为 0。

❑ def multiply(B: Matrix): RowMatrix：假设原始矩阵是 A，则返回 $A \cdot B$ 的值。

8.3.3　实现 User-based 协同过滤的示例

Spark 的 data/mllib/als/test.data 文件提供了用于协同过滤测试的评分数据，文件的每一行都是一项评分，其格式为：[用户 id],[项目 id],[评分]。基于该测试数据，展示如何使用 Spark 实现 User-based 协同过滤。

步骤 1　将评分数据读取到 CoordinateMatrix 当中：

```
import org.apache.spark.mllib.linalg.distributed._
val data = sc.textFile("data/mllib/als/test.data")
valparsedData=data.map(_.split(',') match { case Array(user, item, rate) =>
```

```
       MatrixEntry(user.toLong - 1, item.toLong - 1, rate.toDouble)
})
val ratings = new CoordinateMatrix(parsedData)
```

步骤 2 将 CoordinateMatrix 转换为 RowMatrix 计算两两用户的余弦相似度。由于 RowMatrix 只能就是那列的相似度，而用户数据是有行表示，因此 CoordinateMatrix 需要先计算转置：

```
val matrix = ratings.transpose.toRowMatrix
val similarities = matrix.columnSimilarities(0.1)
```

步骤 3 假设需要预测用户 1 对项目 1 的评分，那么预测结果就是用户 1 的平均评分加上其他用户对项目 1 评分的按相似度的加权平均：

```
// 计算用户 1 的平均评分
val ratingsOfUser1 =ratings.toRowMatrix.rows.toArray()(0).toArray
var avgRatingOfUser1 = ratingsOfUser1.sum / ratingsOfUser1.size
// 计算其他用户对项目 1 的加权平均评分
val ratingsToItem1 = matrix.rows.toArray()(0).toArray.drop(1)
valweights = similarities.entries.filter(_.i == 0).sortBy(_.j).map(_.value).
collect
varweightedR = (0 to 2).map(t =>weights(t)*ratingsToItem1(t)).sum / weights.sum
// 求和输出预测结果
println("Rating of user 1 towards item 1 is: " + (avgRatingOfUser1 + weightedR))
```

输出的结果为：

```
Rating of user 1 towards item 1 is: 6.260869565217392
```

8.3.4 实现 Item-based 协同过滤的示例

类似于 User-based 的协同过滤算法，下面给出 Spark 在测试数据集上实现 Item-based 协同过滤的代码清单：

```
import org.apache.spark.mllib.linalg.distributed._
// 读取评分数据
val data = sc.textFile("data/mllib/als/test.data")
valparsedData=data.map(_.split(',')) match { case Array(user, item, rate) =>
       MatrixEntry(user.toLong - 1, item.toLong - 1, rate.toDouble)
})
val ratings = new CoordinateMatrix(parsedData)
// 计算 Item 相似度
val similarities = ratings.toRowMatrix.columnSimilarities(0.1)
// 计算项目 1 的平均评分
val ratingsOfItem1 =ratings.transpose.toRowMatrix.rows.toArray()(0).toArray
val avgRatingOfItem1 = ratingsOfItem1.sum / ratingsOfItem1.size
// 计算用户 1 对其他项目的加权平均评分
val ratingsOfUser1 =ratings.toRowMatrix.rows.toArray()(0).toArray.drop(1)
```

```
val weights = similarities.entries.filter(_.i == 0).sortBy(_.j).map(_.value).
collect
varweightedR = (0 to 2).map(t =>weights(t)*ratingsToItem1(t)).sum /
weights.sum
// 求和输出预测结果
println("Rating of user 1 towards item 1 is: " + (avgRatingOfUser1 + weightedR))
```

输出的结果为：

```
Rating of user 1 towards item 1 is:4.869565217391304
```

8.3.5　基于奇异值分解实现 Model-based 协同过滤的示例

在前文提到，奇异值分解是 Model-based 协同过滤最简单的一种方法。利用 Spark 中的矩阵奇异值分解操作，可以很容易地实现基于奇异值分解的协同过滤算法。代码清单如下：

步骤 1　仍然是首先将评分数据读取到 CoordinateMatrix 当中：

```
import org.apache.spark.mllib.linalg.distributed._
val data = sc.textFile("data/mllib/als/test.data")
valparsedData=data.map(_.split(',') match { case Array(user, item, rate) =>
    MatrixEntry(user.toLong - 1, item.toLong - 1, rate.toDouble)
})
val ratings = new CoordinateMatrix(parsedData)
```

步骤 2　然后是将 CoordinateMatrix 转换为 RowMatrix，并调用 computeSVD 计算评分矩阵的秩为 2 的奇异值分解：

```
val matrix = ratings.toRowMatrix
valsvd = matrix.computeSVD(2,true)
```

步骤 3　假设需要预测用户 1 对项目 1 的评分，则需要计算 $\Sigma_{1,1}u_1^Tv_1$：

```
val score =(0 to 1).map(t =>svd.U.rows.toArray()(0)(t)*svd.V.transpose.
toArray(t))
println("Rating of user 1 towards item 1 is: " + score.sum*svd.s(0))
```

输出的结果为：

```
Rating of user 1 towards item 1 is:6.000000000000004
```

8.4　基于 Spark 的 MLlib 实现协同过滤算法

8.4.1　MLlib 的推荐算法工具

MLlib 是 Spark 中用于机器学习的强大工具包。协同过滤推荐是 MLlib 提供的核心功能之一，在 Spark 的内置包 org.apache.spark.mllib.recommendation 是集成了推荐算法的常用工具。

org.apache.spark.mllib.recommendation 中提供了 3 个用于协同过滤推荐的数据类型，即 Rating、ALS 和 MatrixFactorizationModel。

- ❑ Rating：Rating 对象是一个用户、项目和评分的三元组。
- ❑ ALS：ALS 提供了求解带偏置矩阵分解的交替最小二乘算法（Alternating Least Squares，ALS）。
- ❑ MatrixFactorizationModel：ALS 求解矩阵分解返回的结果类型。

作为训练结果的 MatrixFactorizationModel 中提供了多种推荐操作。

- ❑ val productFeatures: RDD[(Int, Array[Double])]：返回矩阵分解得的项目特征。
- ❑ val userFeatures: RDD[(Int, Array[Double])]：返回矩阵分解得的用户特征。
- ❑ def predict(usersProducts: RDD[(Int, Int)]): RDD[Rating]：根据参数中需要预测的用户 – 项目，返回预测的评分结果。
- ❑ defpredict(user: Int, product: Int)：预测用户 user 对项目 product 的评分。
- ❑ def recommendProducts(user: Int, num: Int): Array[Rating]：为用户 user 推荐个数为 num 的商品。
- ❑ def recommendUsers(product: Int, num: Int): Array[Rating]：为项目 produoct 推荐可能对其感兴趣的 num 个用户。

8.4.2　MLlib 协同过滤推荐示例

继续使用 Spark 自带的测试数据，示例如何基于 MLlib 实现协同过滤推荐。

步骤 1　首先读取评分数据，保存为 RDD[Rating] 对象：

```
import org.apache.spark.mllib.recommendation._
val data = sc.textFile("data/mllib/als/test.data")
val ratings = data.map(_.split(',') match { case Array(user, item, rate)
=>
Rating(user.toInt, item.toInt, rate.toDouble)
})
```

步骤 2　使用 ALS 算法求解矩阵分解：

```
val rank = 10                    // 设置按秩为 10 进行矩阵分解
val numIterations = 20           // 设置迭代次数为 20 次
val alpha = 0.01                 // 设置矩阵分解的正则系数为 0.01
val model = ALS.train(ratings, rank, numIterations, alpha)
```

步骤 3　利用训练结果预测一些用户评分：

```
// 预测用户 1 对项目 1 的评分
```

```
println("Rating of user 1 towards item 1 is: "+model.predict(1,1))
//预测用户 1 最感兴趣的 2 个项目
model.recommendProducts(1, 2).foreach{ rating =>
    println("Product " + rating.product + " Rating="+rating.rating)
}
```

输出结果为：

```
Rating of user 1 towards item 1 is:4.995388553600405
Product 1 Rating=4.995388553600405
Product 3 Rating=4.995388553600405
```

步骤 4 最后，可以计算一下矩阵分解结果和训练数据之间的均方误差：

```
//获得预测结果和原始评分
valusersProducts = ratings.map { case Rating(user, product, rate) =>
  (user, product)
}
val predictions =
model.predict(usersProducts).map { case Rating(user, product, rate) =>
    ((user, product), rate)
  }
valratesAndPreds = ratings.map { case Rating(user, product, rate) =>
  ((user, product), rate)
}.join(predictions)
//计算均方误差
val MSE = ratesAndPreds.map { case ((user, product), (r1, r2)) =>
val err = (r1 - r2)
err * err
}.mean()
println("Mean Squared Error = " + MSE)
```

输出结果如下：

```
Mean Squared Error = 1.3520007662410612E-5
```

8.5 案例：使用 MLlib 协同过滤实现电影推荐

在本小节中，将用一个更加具体的案例来演示如何使用 Spark 的 MLlib 中协同过滤工具实现电影推荐。

8.5.1 MovieLens 数据集

MovieLens 是一个开放的电影评分数据集。它由美国 Minnesota 大学计算机科学与工程学院的 GroupLens 项目组创办，是一个非商业性质的、以研究为目的的实验性数据集。MovieLens 数据集常用作协同过滤、关联挖掘等推荐技术的测试。

MovieLens 数据集可以在官方网站 https://movielens.org 下载到。数据集按数据量分为 big 和 medium 两个版本，数据量如表 8-2 所示。

表 8-2　MovieLens 数据集

	用户数量	电影数量	评分数
Big Data	72 000	10 000	10 000 000
Medium Data	6000	4000	1 000 000

为了减少程序运行时间，选择 Medium 版本数据。数据集中包含了电影的描述文件 movies.dat 和用户对电影的评分文件 ratings.dat。

其中 movies.dat 的数据格式为：

```
MovieID::Title::Genres
```

而 ratings.dat 的数据格式为：

```
UserID::MovieID::Rating::Timestamp
```

8.5.2　确定最佳的协同过滤模型参数

回顾使用 ALS 算法求解矩阵分解时，需要设定 3 个参数：矩阵分解的秩 rank、正则系数 alpha 和迭代次数 numIters。为了确定最佳的模型参数，将数据集划分为 3 个部分：训练集、验证集和测试集。

训练集是用来训练多个协同过滤模型，验证集从中选择出均方误差最小的模型，测试集用来验证最佳模型的预测准确率。

步骤 1　首先读取电影和评分的数据。

```
import org.apache.spark.mllib.recommendation.{ALS, Rating, MatrixFactorizationModel}
// 读取电影信息到本地
val movies = sc.textFile("movies.dat").map { line =>
val fields = line.split("::")
    (fields(0).toInt, fields(1))
}.collect().toMap
// 读取评分数据为 RDD[Rating]
val ratings = sc.textFile("ratings.dat").map { line =>
val fields = line.split("::")
val rating = Rating(fields(0).toInt, fields(1).toInt, fields(2).toDouble)
val timestamp = fields(3).toLong % 10
    (timestamp, rating)
}
// 输出数据集基本信息
valnumRatings = ratings.count
valnumUsers = ratings.map(_._2.user).distinct.count
```

```
valnumMovies = ratings.map(_._2.product).distinct.count
println("Got " + numRatings + " ratings from " + numUsers + " users on " +
numMovies + " movies.")
```

输出结果为：

```
Got 1000209 ratings from 6040 users on 3706 movies.
```

步骤 2　利用 timestamp 将数据集分为训练集（timestamp<6）、验证集（6<timestamp<8）
和测试集（timestamp>8）：

```
val training = ratings.filter(x => x._1 <6).values.repartition(4).cache()
val validation = ratings.filter(x => x._1>=6 && x._1<8).values.
repartition(4).cache()
val test = ratings.filter(x => x._1 >= 8).values.cache()

valnumTraining = training.count()
valnumValidation = validation.count()
valnumTest = test.count()

println("Training: " + numTraining + ", validation: " + numValidation + ",
test: " + numTest)
```

输出的结果为：

```
Training: 602251, validation: 198919, test: 199049.
```

步骤 3　定义函数计算均方误差 RMSE：

```
defcomputeRmse(model: MatrixFactorizationModel, data: RDD[Rating]) :
Double = {
val predictions: RDD[Rating] = model.predict(data.map(x => (x.user, x.product)))
valpredictionsAndRatings = predictions.map{ x =>
    ((x.user, x.product), x.rating)
  }.join(data.map(x => ((x.user, x.product), x.rating))).values
math.sqrt(predictionsAndRatings.map(x => (x._1 - x._2) * (x._1 - x._2)).
mean())
  }
```

步骤 4　使用不同的参数训练协同过滤模型，并且选择出 RMSE 最小的模型（为了
简单起见，只从一个较小的参数范围选择：矩阵分解的秩从 8 ~ 12 中选择，正则系数
从 1.0 ~ 10.0 中选择，迭代次数从 10 ~ 20 中选择，共计 8 个模型。读者可以根据实际
需要调整选择范围）：

```
val ranks = List(8, 12)
val lambdas = List(1.0, 10.0)
valnumIters = List(10, 20)
varbestModel: Option[MatrixFactorizationModel] = None
```

```
varbestValidationRmse = Double.MaxValue
varbestRank = 0
varbestLambda = -1.0
varbestNumIter = -1
for (rank <- ranks; lambda <- lambdas; numIter<- numIters) {
val model = ALS.train(training, rank, numIter, lambda)
valvalidationRmse = computeRmse(model, validation)
if (validationRmse<bestValidationRmse) {
bestModel = Some(model)
bestValidationRmse = validationRmse
bestRank = rank
bestLambda = lambda
bestNumIter = numIter
    }
}
valtestRmse = computeRmse(bestModel.get, test)
println("The best model was trained with rank = " + bestRank +
" and lambda = " + bestLambda+
", and numIter = " + bestNumIter +
", and its RMSE on the test set is " + testRmse + ".")
```

训练所有的模型需要花费一些时间，参数选择的范围越大，训练总时间越长。最后，程序选择的最佳模型是秩为 8，正则系数为 10.0，迭代次数为 20 次。程序的输出结果如下：

```
The best model was trained with rank = 8 and lambda = 10.0, and numIter =
20, and its RMSE on test is 0.8808492431998702.
```

步骤 5 同时，还可以对比使用协同过滤算法和不使用协同过滤（例如，使用平均分来作为预测结果）能得到多大的预测效果提升：

```
valmeanR = training.union(validation).map(_.rating).mean
valbaseRmse = math.sqrt(test.map(x => (meanR - x.rating) * (meanR -
x.rating)).mean)
val improvement = (baseRmse - testRmse) / baseRmse * 100
println("The best model improves the baseline by " + "%1.2f".
format(improvement) + "%.")
```

程序的输出结果如下：

```
The best model improves the baseline by 20.96%.
```

8.5.3 利用最佳模型进行电影推荐

得到了最佳的协同过滤模型后，可以使用该模型来为用户推荐前 10 的电影：

```
valmyRatedMovieIds = myRatings.map(_.product).toSet
valcands = sc.parallelize(movies.keys.filter(!myRatedMovieIds.contains(_)).toSeq)
```

```
val recommendations = bestModel.get.predict(cand.map((0, _))).collect().
sortBy(- _.rating).take(10)

var i = 1
println("Movies recommended for you:")
recommendations.foreach{ r =>
println("%2d".format(i) + ": " + movies(r.product))
     i += 1
}
```

程序的输出结果如下：

```
Movies recommended for you:
 1: Silence of the Lambs, The (1991)
 2: Saving Private Ryan (1998)
 3: Godfather, The (1972)
 4: Star Wars: Episode IV - A New Hope (1977)
 5: Braveheart (1995)
 6: Schindler's List (1993)
 7: Shawshank Redemption, The (1994)
 8: Star Wars: Episode V - The Empire Strikes Back (1980)
 9: Pulp Fiction (1994)
10: Alien (1979)
```

8.6   本章小结

本章介绍了 3 种不同的协同过滤算法（基于用户的协同过滤 User-based CF、基于项目的协同过滤 Item-based CF 以及基于模型的协同过滤 Model-based）及其基本原理。然后介绍了 Spark 中实现协同过滤所涉及的相关类型和函数，并给出了 3 种协同过滤算法的 Spark 实现。最后基于 MovieLens 数据集，讲解了构建协同过滤推荐系统的案例。

基于 Spark 的社交网络分析

如今世界进入互联网时代，社交网络已经成为日常生活中不可缺少的一部分。社交网络应用是互联网应用的核心组成部分，而社交网络的数据也构成了互联网大数据的一个重要组成部分。社交网络分析（Social Network Analysis，SNA）是目前数据挖掘中与社会生活联系最紧密的热点之一，无论是工业界还是学术界都希望通过社交网络分析发掘潜在的巨大商业价值。

在第 9 章当中，将讲解社交网络分析的理论，介绍社交网络中两大核心问题：社团挖掘和链路预测。社团挖掘和链路预测又分别对应着机器学习中的聚类和分类，因此将介绍聚类和分类的相关知识，以及 Spark 的 MLlib 中的聚类和分类工具包，并且通过实战向读者展示使用 Spark 进行大规模社交网络分析的技术。

9.1 社交网络介绍

社交网络通常是指用户和用户之间的社交关系构成的网络拓扑结构。在社交网络当中，通常以顶点表示，用户之间的社交关系则以边表示。

9.1.1 社交网络的类型

社交网络还可以按照不同的分类标准，分成不同类型的社交网络。

（1）无向图（Undigraph）和有向图（Digraph）

按照用户之间的社交关系是否有方向性，社交网络可以分为无向图和有向图。

Facebook，人人网等社交网络，就是典型的无向图，他们的用户之间只存在好友关系，并且好友关系是没法方向性的；而 Twitter，Quora，微博等社交网络，就是典型的有向图，其用户关系包括关注和被关注（同时关注和被关注就是"互粉"），是有方向性的。

（2）无符号网络（Unsigned Network）和符号网络（Signed Network）

按照用户之间的社交关系是否有正负符号，社交网络又可以分为无符号网络和符号网络。大部分的社交网络，例如 Facebook，Twitter 等都是无符号网络，用户之间的关系都是正面的好友关系；而在某些新的社交网络当中，最典型的例如 Epinions（商品评论网站）和 Slashdot（资讯科技网站），用户除了可以与自己观点一致的用户建立好友关系，还可以与自己观点矛盾的用户建立反对关系。这样的社交网络当中，用户关系就是有符号的，因此这样的社交网络又是符号社交网络。

（3）无权重网络（Unweighted Network）和有权重网络（Weighted Network）

按照社交网络之中是否有权重衡量用户关系的密切程度，社交网络又可以分为无权重网络和有权重网络。大部分的社交网络都是无权重网络，因为已经建立的用户关系是没有大小区别的。而有权重网络已经成为学术界对社交网络的一个新研究热点，因为所有用户关系并不是等价的。例如，用户并非与所有的好友都有相同的亲密程度，或者用户和好友的相似程度并非相等。

9.1.2　社交网络的相关概念

这里提前给出后面会用的一些社交网络的相关概念。

（1）顶点的度（Degree）

对于社交网络 $G=(V,E)$，图 G 中依附于顶点 v_i 的边的数目称为顶点 v_i 的度，记为 $TD(v_i)$。在无向图中，所有顶点度的和是图中边的 2 倍。即 $\sum_{i=1}^{n} TD(v_i)=2|V|$，其中 $|V|$ 为社交网络中所有的边数。

对于有向图 $G=(V,E)$，图 G 中以顶点 v_i 作为起点的有向边的数目称为顶点 v_i 的出度（Outdegree），记为 $OD(v_i)$；以顶点 v_i 作为终点的有向边的数目称为顶点 v_i 的入度（Indegree），记为 $ID(v_i)$。顶点 v_i 的出度与入度之和等于顶点 v_i 的度，即

$$TD(v_i)=OD(v_i)+ID(v_i) \tag{9-1}$$

（2）路径（Path）

对无向图 $G=(V,E)$，若从顶点 v_i 经过若干条边能到达顶点 v_j，称顶点 v_i 和 v_j 是连通的，这些边称为顶点 v_i 到 v_j 的一条路径。对有向图 $G=(V,E)$，若从顶点 v_i 经过若干条有向边能到达顶点 v_j，称顶点 v_i 和 v_j 是连通的，这些有向边称为顶点 v_i 到 v_j 的一条路径。

连通顶点 v_i 和 v_j 的所有路径中，边总权重最小的路径被称为连通顶点 v_i 和 v_j 的最短路径。

（3）邻接矩阵（Adjacency Matrix）

在机器学习的任务中，社交网络通常表示成为邻接矩阵形式。例如，一个有 N 个用户的社交网络，可以表示成为一个 $N \times N$ 的邻接矩阵 S。矩阵的第 i 行的第 j 个元素 $s_{i,j}$，表示用户 i 对用户 j 的社交关系权值。图 9-1 是一个社交网络表示成为矩阵的示例。

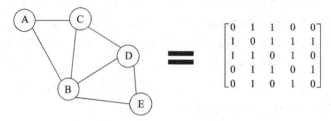

图 9-1　邻接矩阵示例

通常无向图表示成为一个对称矩阵，无符号网络表示成为一个非负矩阵，而无权重网络表示成为一个 0-1 矩阵。

（4）拉普拉斯矩阵（Laplacian matrix）

拉普拉斯矩阵，也称为基尔霍夫矩阵，是社交网络的另一种表示矩阵。给定一个有 N 个顶点的图 $G=(V,E)$，其拉普拉斯矩阵被定义为

$$L=D-S \tag{9-2}$$

式中，对角矩阵 D 是社交网络的度矩阵，即 $D_{i,i}=TD(v_i)$；S 是社交网络的邻接矩阵。

拉普拉斯矩阵 L 有如下性质。

1）L 是对称半正定矩阵。

2）L 的最小特征值是 0，相应的特征向量是 $\vec{\mathbf{1}}=(1,1,\cdots,1)$。

3）L 有 N 个非负实特征值 $0 \leqslant \lambda_1 > \lambda_2 \leqslant \cdots \leqslant \lambda_N$。

4）且对于任何一个属于实向量 $f \in \mathbf{R}^N$，均有以下式子成立。

$$f'Lf = \frac{1}{2}\sum_{i,j=1}^{N} s_{i,j}(f_i - f_j)^2 \tag{9-3}$$

9.2　社交网络中社团挖掘算法

社团挖掘（Community Discovery）是指从社交网络中发现潜在的社交团体。社交团体内部的用户之间往往联系较为紧密，而社交团体之间的用户联系较少。例如，在人人网当中，清华大学这个团体的用户之间存在大量的好友关系，而清华大学和北京大学之间的用户好友关系就相对较少。社团挖掘又可以看作是聚类分析，即将关联最紧密的用户聚集为一个类别。

使用社团挖掘算法可以找到社交网络当中的潜在集体，可以自动为社交网络中的人群进行分类，并且为预测用户新的好友，为同类用户做内容推荐等作用。

9.2.1 聚类分析和 K 均值算法简介

聚类分析（Cluster Analysis）是一门统计数据分析的技术，在许多领域受到广泛应用，包括机器学习、数据挖掘、模式识别、图像分析以及生物信息。聚类是把相似的对象通过静态分类的方法分成不同的组别或者更多的子集（subset），这样让在同一个子集中的成员对象都有相似的一些属性，常见的包括在坐标系中更加短的空间距离等。在机器学习当中，聚类分析可以看作是一种非监督学习技术。

聚类分析算法通常可以分为 5 种：划分方法（Partitioning Methods）、层次方法（Hierarchical Methods）、基于密度的方法（Density-based Methods）、基于网格的方法（Grid-based Methods）和基于模型的方法（Model-based Methods）。

K 均值算法（K-Means）是一种划分聚类方法，同时也是最简单的一种聚类算法。算法的思路是通过迭代寻找聚类中心使各个样本与所在类均值的误差平方和达到最小。K 均值算法的一般步骤如下。

1）从数据样本中随机选取 K 个样本作为初始聚类中心。

2）对每个文档测量其到 K 个聚类中心的距离，并把它归到最近的中心所属的类。

3）重新计算已经得到的各个类的中心。

4）迭代 2 ~ 3 步直至新的聚类中心与原聚类中心相等或距离小于指定阈值，算法结束。

K 均值算法是基于谱聚类的社团挖掘算法的基础。

9.2.2 社团挖掘的衡量指标

从图论的角度来说，社团挖掘问题就相当于一个图的分割问题。即给定一个图 $G=(V, E)$，顶点集 V 表示社交网络中的用户，边集 E 表示用户之间的好友关系，社团挖掘的目的便是要找到一种最优的分割图的方法，使得分割后形成若干个子图，跨越不同子图的边的数量尽可能小，同一个子图内部的边的数量尽可能大。通常衡量最优图分割有多种不同的标准，最常见的标准有 3 种。

（1）最小割（MinimumCut）

首先引入定义邻接函数 W。邻接函数 $W(A,B)$ 用来表示子图 A 和子图 B 之间所有边的权值之和，即

$$W(A,B)=\sum_{i\in A, j\in B} s_{i,j} \tag{9-4}$$

然后假设 $A_1,\cdots,A_k$ 是图分割成为 k 个子图的结果，那么 k 个子图的割（Cut）可以表

示为

$$\text{Cut}(A_1,\cdots,A_k)=\frac{1}{2}\sum_{i=1}^{k}W(A_i,\overline{A}_i) \tag{9-5}$$

式中，$\overline{A}_i$ 为 A_i 的补集，$W(A_i,\overline{A}_i)$ 则表示 A_i 与图的其他部分边的总权重。谱聚类的目标就是求解最小的割。

（2）最小比例割（Minimum Ratio Cut）

大部分时候最小割的指标通常会产生非常不合理的分割结果。以二分类为例，最小割指标通常会将整个图分割成为一个节点和其余所有点的两个子图，如图 9-2 所示。

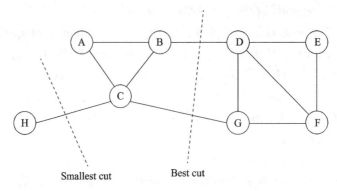

图 9-2 最小割和最小比例割的示例

所以，除了希望跨越子图的边总权重尽量小，同时也希望每个子图都有合理的大小。因此引入一个改进的指标比例割（Ratio Cut），即

$$\text{RatioCut}(A_1,\cdots,A_k)=\frac{1}{2}\sum_{i=1}^{k}\frac{W(A_i,\overline{A}_i)}{|A_i|} \tag{9-6}$$

式中，$|A_i|$ 为子图 A_i 中点的个数。

（3）最小归一化割（Minimum Normalized Cut）

归一化割（Normalized Cut）是最小割的另一种改进指标，其定义如下：

$$\text{NormCut}(A_1,\cdots,A_k)=\frac{1}{2}\sum_{i=1}^{k}\frac{W(A_i,\overline{A}_i)}{\text{vol}(A_i)} \tag{9-7}$$

式中，$\text{vol}(A_i)=\sum_{t\in A_i}s_{t,j}$，表示子图 A_i 所有节点发出去边的总权重。

9.2.3 基于谱聚类的社团挖掘算法

本小节以最小比例割标准寻找最佳二分割为例讲解使用谱聚类算法进行社团挖掘，最后给出详细 K 聚类的社交挖掘算法。二聚类的最小比例割的目标函数如下：

$$\min_{A\subset V}\text{RatioCut}(A,\overline{A}) \tag{9-8}$$

然而这是一个 NP-hard 的离散优化问题，采用搜索算法无法在合理时间内求得最优解。但是可以将其转换成为一个连续优化的问题。

定义向量 $f=(f_1,\cdots,f_N)' \in \mathbf{R}^N$，其中

$$f_i = \begin{cases} \sqrt{\dfrac{|\overline{A}|}{|A|}}, & \text{if } v_i \in A \\[3mm] -\sqrt{\dfrac{|\overline{A}|}{|A|}}, & \text{if } v_i \notin A \end{cases} \tag{9-9}$$

然后，根据拉普拉斯矩阵的性质，可以得到如下有用的结论。

$$\begin{aligned} f'Lf &= \frac{1}{2}\sum_{i,j=1}^{N} s_{i,j}(f_i-f_j)^2 \\ &= \frac{1}{2}\sum_{i\in A,j\in\overline{A}} s_{i,j}\left(\sqrt{\frac{|\overline{A}|}{|A|}}+\sqrt{\frac{|A|}{|\overline{A}|}}\right)^2 + \sum_{i\in\overline{A},j\in A} s_{i,j}\left(-\sqrt{\frac{|\overline{A}|}{|A|}}-\sqrt{\frac{|A|}{|\overline{A}|}}\right)^2 \\ &= \text{cut}(A,\overline{A})\left(\frac{|\overline{A}|}{|A|}+\frac{|A|}{|\overline{A}|}+2\right) \\ &= \text{cut}(A,\overline{A})\left(\frac{|A|+|\overline{A}|}{|A|}+\frac{|A|+|\overline{A}|}{|\overline{A}|}\right) \\ &= |V|\cdot \text{RatioCut}(A,\overline{A}) \end{aligned} \tag{9-10}$$

也就是说，二聚类的比例割 $\text{RatioCut}(A,\overline{A})$ 与 $f'Lf$ 成正比。因此最小化比例割的目标，等价于最小化 $f'Lf$。因此，原始目标函数可以转换为

$$\min_{f\subset\mathbf{R}^N} f'Lf \text{ subject to } f\perp\vec{\mathbf{1}},\|f\|=\sqrt{N} \tag{9-11}$$

所以，如果不考虑 f 任意维度只能是 $\sqrt{\dfrac{|\overline{A}|}{|A|}}$ 或者 $-\sqrt{\dfrac{|\overline{A}|}{|A|}}$ 的取值限制，当 f 取为拉普拉斯矩阵 L 第二小特征值 λ_2 对应的特征向量 v_2 时，目标函数取得最小值（L 最小的特征值 λ_1 为 0，对应的特征向量为 $v_1=\vec{\mathbf{1}}$。但是 $f\perp\vec{\mathbf{1}}$，所以 f 只有取值为第二小特征值 λ_2 对应的特征向量 v_2）。

如果考虑 f 的取值限制，则如果 v_2 的第 i 维大于 0，$f_i=\sqrt{\dfrac{|\overline{A}|}{|A|}}$；否则 $f_i=-\sqrt{\dfrac{|\overline{A}|}{|A|}}$。

更一般地，求解社交网络 $G=(V,E)$ 的 K 聚类的社团挖掘算法如下。

1）计算社交网络 $G=(V,E)$ 对应的拉普拉斯矩阵 L。

2）计算拉普拉斯矩阵 L 的前 K 个特征值 $\lambda_1 \leqslant \cdots \leqslant \lambda_K$ 以及相应的特征向量 $v_1,\cdots,v_K$。

3）把这 K 个特征（列）向量排列在一起组成一个 $N\times K$ 的矩阵，将其中每一行看作 K 维空间中的一个向量，并使用 K 均值算法进行聚类。聚类的结果中每一行所属的类别对应社交网络 $G=(V,E)$ 中相应节点的最终划分类别。

9.3　Spark 中的 K 均值算法

9.3.1　Spark 中与 K 均值有关的对象和方法

在库 org.apache.spark.mllib.clustering 中，与 K 均值相关的对象包括 KMeans 和 KMeansModel。

对象 KMeans 中包含了分布式的 K 均值算法的实现，对象 KMeans 中相关的函数如下：

❑ def setK(k: Int): KMeans.this.type：设置需要聚类的个数。默认的聚类个数为 2。

❑ def setMaxIterations(maxIterations: Int): KMeans.this.type：设置 K 均值算法最大的迭代次数。默认的最大迭代次数为 20 次。

❑ def setInitializationMode(initializationMode: String): KMeans.this.type：设置初始化聚类中心的算法。若输出参数为"random"，则随机选择 K 个样本作为初始聚类中心；若输入参数为"k-means||"，则使用"k-means||"算法计算初始化聚类中心。"k-means||"算法是"k-means++"算法的 Spark 分布式实现。

❑ def setRuns(runs: Int): KMeans.this.type：设置 K 均值算法运行的次数。通常 K 均值算法的结果很容易受初始化聚类中心的影响；如果初始化聚类中心选取不佳，K 均值算法只能收敛到局部最优解。然而如果对同一个数据集多次运行 K 均值算法，并且每次选择不一样的初始化聚类中心，并且在多次运行结果中选择最佳聚类结果，那么就可以保证结果尽量接近最优聚类。默认 K 均值算法只运行一次。

❑ def setEpsilon(epsilon: Double): KMeans.this.typ：设置 K 均值算法迭代中止的判断阈值。

❑ def run(data: RDD[Vector]): KMeansModel：对输入数据集运行 K 均值算法。返回的结果保存在 KMeansModel 对象当中。

KMeansModel 对象中包含了 K 均值算法的计算结果，包含的变量和函数如下。

❑ val clusterCenters: Array[Vector]：返回聚类的中心。

❑ def predict(points: RDD[Vector]): RDD[Int]：预测输入样本点的所属聚类。

9.3.2　Spark 下 K 均值算法示例

利用 Spark 自带的 K 均值测试数据展示 Spark 下如何使用 K 均值算法。测试数据 data/mllib/kmeans_data.txt 中的每一行都是一个样本的坐标，格式如下：

```
0.0 0.0 0.0
0.1 0.1 0.1
```

```
0.2 0.2 0.2
......
```

步骤 1　将数据集读取到 RDD[Vector] 对象中：

```
import org.apache.spark.mllib.clustering.KMeans
import org.apache.spark.mllib.linalg.Vectors
val data = sc.textFile("data/mllib/kmeans_data.txt")
val parsedData = data.map(s => Vectors.dense(s.split(' ').map(_.
toDouble))).cache()
```

步骤 2　设置 K 均值算法的参数 $k=2$，最大迭代次数为 20，求解聚类结果：

```
val clusters = new KMeans().setK(2).setMaxIterations(20).run(parsedData)
```

步骤 3　输出聚类的中心：

```
(0 to 1).foreach{id =>
println("Center of cluster " + (id + 1) + " is " + clusters.clusterCenters(id))
}
```

输出的结果为：

```
Center of cluster 1 is [9.1,9.1,9.1]
Center of cluster 2 is [0.1,0.1,0.1]
```

步骤 4　输出聚类结果的类内平方误差之和：

```
println("Within Set Sum of Squared Errors = " + clusters.computeCost(parsedData))
```

输出结果为：

```
Within Set Sum of Squared Errors = 0.11999999999994547
```

步骤 5　假设需要利用聚类结果预测坐标 [0.5, 0.9, 0.8] 所属的聚类：

```
val point = Vectors.dense(Array(0.5, 0.9, 0.8))
println("Point " + point + " belongs to cluster " + (clusters.
predict(point) + 1))
```

输出的结果为：

```
Point [0.5,0.9,0.8] belongs to cluster 2
```

9.4　案例：基于 Spark 的 Facebook 社团挖掘

9.4.1　SNAP 社交网络数据集介绍

SNAP 的全称是 Stanford Network Analysis Project，是由斯坦福大学发起的社交网

络分析项目。SNAP 中包括了一套开源的网络分析工具，以及 SNAP 数据集。SNAP 数据集中包含了多种来源的网络，如社交网络、协作网络、Web 链接网络、通信网络等；同时 SNAP 数据集中的网络涵盖了不同类型，如有向网络、无向网络、二部图网络、时序网络、标签网络等。

SNAP 社交网络数据集的来源包括了 Facebook，Google+，Twitter，Epinions，Slashdot，LiveJournal 和 Wikipedia。在本节的案例中，将对 Facebook 的社交网络进行社团挖掘。数据集的官方下载地址为 http://snap.stanford.edu/data/facebook.tar.gz。

SNAP 数据集的 Facebook 社交网络是一个无向图，其中包括 4039 个节点（用户），88 234 条边（好友关系）。Facebook 社交网络数据又被分为了 10 个子网络数据集，每个子网络数据集中有一个 .edges 的文件，文件的每一行是一条边的两个节点的 ID 号，格式如下：

```
236 186
122 285
24 346
......
```

本案例中，以 Facebook 网络数据集的子网络数据 0.edges 为例，展示利用 Spark 实现分布式的社团挖掘算法。

9.4.2 基于 Spark 的社团挖掘实现

基于谱聚类的社团挖掘算法涉及很多的矩阵运算，因此需要用到第 8 章中介绍的 Spark 矩阵运算相关工具。

步骤 1　由于需要计算社交网络的拉普拉斯矩阵 L，因此首先要将网络读取到 CoordinateMatrix 当中作为邻接矩阵 S：

```
import org.apache.spark.mllib.linalg.distributed._
import org.apache.spark.mllib.clustering.KMeans
import org.apache.spark.mllib.linalg.Vectors

val data = sc.textFile("facebook/0.edges")
val adjMatrixEntry = data.map(_.split(' ') match { case Array(id1, id2) =>
MatrixEntry(id1.toLong- 1, id2.toLong- 1, -1.0)
})
val adjMatrix = new CoordinateMatrix(adjMatrixEntry)
println("Num of nodes=" + adjMatrix.numCols + ", Num of edges=" + data.count)
```

输出的结果为：

```
Num of nodes=347, Num of edges=5038
```

步骤 2　计算社交网络的拉普拉斯矩阵 $L=D-S$：

```
//计算矩阵 D 的对角元素值
val rows = adjMatrix.toIndexedRowMatrix.rows
val diagMatrixEntry = rows.map{row =>
    MatrixEntry(row.index, row.index, row.vector.toArray.sum)
}
//计算拉普拉斯矩阵 L=D-S
val laplaceMatrix = new CoordinateMatrix(sc.union(adjMatrixEntry,
diagMatrixEntry))
```

步骤 3　计算拉普拉斯矩阵的特征列向量构成的矩阵（假设聚类个数为 5 ）：

```
val eigenMatrix = laplaceMatrix.toRowMatrix.computePrincipalComponents(5)
```

步骤 4　特征列向量矩阵的行向量就是网络中节点对应的 5 维向量表示：

```
val nodes = eigenMatrix.transpose.toArray.grouped(5).toSeq
val nodeSeq = nodes.map(node => Vectors.dense(node))
val nodeVectors = sc.parallelize(nodeSeq)
```

步骤 5　最后求解节点在新向量表示下的 K 均值聚类结果：

```
val clusters = new KMeans().setK(5).setMaxIterations(100).run(nodeVectors)
val result = clusters.predict(nodeVectors).zipWithIndex.groupByKey().
sortByKey()
result.collect.foreach{c =>
    println("Nodes in cluster " + (c._1+1) + ": ")
    c._2.foreach(n => print(" " + n))
    println()
}
```

输出的结果为：

```
Nodes in cluster 1:
  0 1 2 3 4 5 6 7 8 9 10 11 12 13 14 15 16 17 18 19 20 21 22 23 24 25 26 27
28 29 30 31 32 33 34 35 36 37 38 39 40 41 42 43 44 45 46 47 48 49 50 51 52
53 54 56 57 58 59 60 61 62 63 64 65 67 68 69 70 71 72 73 74 75 76 77 78
79 80 81 82 83 84 85 86 87 88 89 90 91 92 93 94 95 96 97 98 99 100 101 102
103 104 105 106 107 108 109 110 111 112 113 114 115 116 117 118 119 120
121 122 123 124 125 126 127 128 129 130 131 132 133 134 135 136 137 138
139 140 141 142 143 144 145 146 147 148 149 150 151 152 153 154 155 156
157 158 159 160 161 162 163 164 165 166 167 168 169 170 171 172 173 174
175 176 177 178 179 180 181 182 183 184 185 186 187 188 189 190 191 192
193 194 195 196 197 198 199 200 201 202 203 204 205 206 207 208 209 210
211 212 213 214 215 216 217 218 219 220 221 222 223 224 225 226 227 228
229 230 231 232 233 234 235 236 237 238 239 240 241 242 243 244 245 246
247 248 249 250 251 252 253 254 255 256 257 258 259 260 261 262 263 264
```

```
265 266 267 268 269 271 272 273 274 275 276 277 278 279 280 281 282 283
284 285 286 287 288 289 290 291 292 293 294 295 296 297 298 299 300 301
302 303 304 305 306 307 308 309 310 311 312 313 314 315 316 317 318 319
320 322 323 324 325 326 327 328 329 330 331 332 333 334 335 336 337 338
339 340 341 342 343 344 345 346
Nodes in cluster 2:
 55
Nodes in cluster 3:
 270
Nodes in cluster 4:
 66
Nodes in cluster 5:
 321
```

9.5 社交网络中的链路预测算法

社交网络中的链路预测（Link Prediction）是指如何通过已知的网络节点以及网络结构等信息预测网络中尚未产生连边的两个节点之间产生链接的可能性。这种预测既包含了对未发现链接的预测（例如两个用户在现实生活中是好友，但是在社交网络中还未相互关注），也包含了对未来链接的预测（例如两个互不相识的用户有相似的兴趣爱好，极有可能在未来成为好友）。

链路预测问题可以看作是一个分类问题。比如社交网络中已知的好友关系就可以看作是一个正样本；而兴趣爱好不一致并且长时间不是好友的两个用户，或者符号社交网络中被负连接关联的两个用户，就可以看作是一个负样本。分类问题的求解救转换为对正负样本的特征进行建模，并且选择合适的分类器进行模型训练。

9.5.1 分类学习简介

分类是监督学习（Supervised Learning）的一种，也是机器学习中最重要的问题之一。分类是指根据已有的不同类别的样本，判断新的数据应该属于哪个类别。分类又包括二分类问题（Binary Classification）和多分类（Multiclass Classification），而链路预测通常属于二分类问题。

通常，大部分经典的分类器都可以表示成为如下的一个图优化问题，即

$$\min_{f \subset \mathbf{R}^d} f(w) = \lambda R(w) + \frac{1}{n} \sum_{i=1}^{n} L(w; x_i, y_i) \tag{9-12}$$

式中，$x_i \in \mathbf{R}^d$ 是训练样本，$y_i \in \mathbf{R}$ 是对应的样本标签；$L(w; x_i, y_i)$ 定义了分类器的损失函数。如果 $L(w; x_i, y_i)$ 可以表示成为 $w^T x$ 和 y 的函数，那么该分类器就是一个线性分类器。常见的线性分类器和相应的损失函数如表 9-1 所示。

表 9-1　三种不同的分类器及损失函数

分类器	损失函数名称	损失函数 $L(w;x_i,y_i)$
线性判别分析（Linear Discriminant Analysis）	Squared Loss	$\frac{1}{2}(w^Tx-y)$
Logistics 回归（Logistics Regression）	Logistics Loss	$\log(1+e^{-yw^Tx})$
支持向量机（Support Vector Machine）	Hinge Loss	$\max\{0,1-yw^Tx\}$

另外，$R(w)$ 叫做正则项，而 λ 是正则项系数，用于控制模型的复杂程度，防止模型的过学习。通常正则系数 λ 越大，模型偏差（Bias）越大，但是模型方差（Variance）越小。模型总误差是偏差和方差之和，因此需要综合判断选择合适的正则系数 λ。

常见的正则项有 L1 正则和 L2 正则，如表 9-2 所示。

表 9-2　L1 和 L2 正则项

正则名称	正则函数 $R(w)$
L1	$\|w\|_1$
L2	$\frac{1}{2}\|w\|_2^2$

在 Spark 的 MLlib 工具中，提供了上述 3 种不同的分类器和两种正则项的实现。在本章中，将介绍如何使用 Logistic 回归实现链路预测算法。

9.5.2　分类器的评价指标

衡量二分类算法的分类效果通常使用如表 9-3 所示的混淆矩阵（Confusion Matrix）。

表 9-3　混淆矩阵

		真实类别	
		1	0
预测类别	1	True Positive（TP） 真阳性	False Positive（FP） 假阳性
	0	False Negative（FN） 假阴性	True Negative（TN） 真阴性

真阳性 TP 是指分类器正确预测的正样本，而真阴性 TN 则是分类器正确预测的负样本。反之，假阳性 FP 就是被分类器错误判断为正样本的负样本，而假阴性 FN 就是被分类器错误判断为负样本的正样本。

根据混淆矩阵，可以进一步引入准确率（Precision）、召回率（Recall）和 F 值（F-Measure）的概念。

（1）准确率（Precision）

准确率就是指分类器正确预测的正样本占所有被预测为正样本的样本的比例。

$$\text{Precision} = \frac{TP}{TP+FP} \qquad (9\text{-}13)$$

（2）召回率（Recall）

召回率就是指分类器成功预测的正样本占总体真实正样本的比例。

$$\text{Recall} = \frac{TP}{TP+FN} \qquad (9\text{-}14)$$

（3）F 值（F-Measure）

通常准确率和召回率是一个矛盾的指标，即准确率越高的分类器召回率会偏低，而召回率越高的分类器准确率偏低。F 值是指分类器准确率和召回率的调和平均，用来衡量综合的分类效果。

$$\text{FMeasure} = \frac{\text{Precision*Recall}}{\text{Precision+Recall}} \qquad (9\text{-}15)$$

9.5.3 基于 Logistic 回归的链路预测算法

社交网络中的链路预测算法可以看作是一个二分类问题。根据社交网络生成用于训练的正负样本之后，就可以使用训练好的 Logistic 回归模型预测新的可能链路。

假设某个节点 v 邻点的集合为 $\Gamma(v)$，那么对于一条作为样本的边〈a,b〉，常用的链路预测特征如下。

❑ 节点的度（Degree）：$d_a=|\Gamma(a)|$ 和 $d_b=|\Gamma(b)|$。

❑ 节点的公共邻居（Common Neighbor）：$n=|\Gamma(a) \cap \Gamma(b)|$。

❑ Adar 指标：$adar = \sum\limits_{v \in \Gamma(a) \cap \Gamma(b)} \dfrac{1}{\log|\Gamma(v)|}$。

❑ Jaccard 指标：$jac=|\Gamma(a) \cap \Gamma(b)|/|\Gamma(a) \cap \Gamma(b)|$。

❑ Cosine 指标：$cos=|\Gamma(a) \cap \Gamma(b)|/(|\Gamma(a)| \cdot |\Gamma(b)|)$。

除此之外，常用的指标还有相邻中心度（Betweenness Centrality）、最大流（Maximum Flow）、最短路（Shortest Path）和随机游走（Random Walk）等。

9.6 Spark MLlib 中的 Logistic 回归

在 Spark 的 MLlib 工具包中，提供了非常完整的分类器相关类型。以链路预测会使用到的 Logistic 回归为例进行讲解。

9.6.1 分类器相关对象

在 org.apache.spark.mllib.classification 下，提供了两种 Logistic 回归的训练算法对

象：LogisticRegressionWithLBFGS 和 LogisticRegressionWithSGD。这两个对象分别提供了训练 Logistic 回归分类器的有限内存的 BFGS 算法（Limited-memory BFGS，LBFGS）和随机梯度下降算法（Stochastic Gradient Descent，SGD）。对象的相关函数和变量如下。

- "def run(input: RDD[LabeledPoint])：LogisticRegressionModel"：输入样本为 RDD[LabeledPoint] 对象，训练结果返回到 LogisticRegressionModel 对象中。
- "val optimizer"：训练模型都包含变量 optimizer，用于设置模型使用的训练算法和正则项。

训练结果的 LogisticRegressionModel 对象提供了如下的函数和变量用于测试训练结果。

- "def predict(testData: RDD[Vector]): RDD[Double]"：用于预测测试数据的分类结果。
- "val numFeatures: Int"：返回训练结果的特征个数。
- "val weights: Vector"：返回特征的权重，也就是模型的参数 w。

9.6.2　模型验证对象

除了 Logistic 回归模型外，MLlib 中还提供了充足的辅助对象。例如在 org.apache.spark.mllib.evaluation 中提供了验证模型效果的对象 BinaryClassificationMetrics 和 MulticlassMetrics，用于计算模型的准确率、召回率和 F 值等指标。以 Binary-ClassificationMetrics 为例，其中包含的函数如下。

- def precisionByThreshold()：RDD[(Double, Double)]：返回不同判别阈值时的准确率。
- def recallByThreshold()：RDD[(Double, Double)]：返回不同判别阈值时的召回率。
- def fMeasureByThreshold()：RDD[(Double, Double)]：返回不同判别阈值时的 F 值。
- defareaUnderPR(): Double：返回 Precision-Recall 曲线下方的面积。

9.6.3　基于 Spark 的 Logistic 回归示例

本节将利用 Spark 自带的分类器测试数据演示如何在 Spark 下训练 Logistic 模型。Spark 中的 data/mllib/sample_libsvm_data.txt 提供了 LibSVM 格式的数据集，其格式如下：

```
0 128:51 129:159 130:253 131:159 132:50……
1 159:124 160:253 161:255 162:63 186:96……
1 125:145 126:255 127:211 128:31 152:32……
……
```

每一行的数据分为两个部分：开头的类别标签以及后续的特征向量。

步骤 1　使用 MLUtils 对象将数据读取到 RDD[LabeledPoint] 中：

```
import org.apache.spark.mllib.classification._
```

```
import org.apache.spark.mllib.evaluation.MulticlassMetrics
import org.apache.spark.mllib.regression.LabeledPoint
import org.apache.spark.mllib.linalg.Vectors
import org.apache.spark.mllib.util.MLUtils

val data = MLUtils.loadLibSVMFile(sc, "data/mllib/sample_libsvm_data.txt")
```

步骤2 按照 3:2 的比例将数据随机分为训练集和测试集：

```
// Split data into training (60%) and test (40%).
val splits = data.randomSplit(Array(0.6, 0.4), seed = 11L)
val training = splits(0).cache()
val test = splits(1)
```

步骤3 训练二分类的 Logistic 回归模型：

```
val model = new LogisticRegressionWithLBFGS().setNumClasses(2).run(training)
```

步骤4 预测测试样本的分类：

```
val predictionAndLabels = test.map { case LabeledPoint(label, features) =>
  val prediction = model.predict(features)
  (prediction, label)
}
```

步骤5 输出模型在测试样本上的准确率和召回率：

```
val metrics = new MulticlassMetrics(predictionAndLabels)
println("Precision = " + metrics.precision(1.0))
println("Recall = " + metrics.recall(1.0))
```

输出的结果为：

```
Precision = 1.0
Recall = 1.0
```

步骤6 输出 Logistic 回归权重最大的前 10 个特征：

```
val weights = (1 to model.numFeatures) zip model.weights.toArray
println("Top 10 features:")
weights.sortBy(-_._2).take(10).foreach{ case(k,w) =>
    println("Feature " + k + " = " + w)
}
```

输出的结果为：

```
Top 10 features:
Feature 425 = 0.06461556807136312
Feature 667 = 0.01789615375830826
Feature 453 = 0.013461576681533985
Feature 165 = 0.013153211476616898
```

```
Feature 466 = 0.005593980369998283
Feature 623 = 0.0047037628695148605
Feature 99 = 0.0045130777622803975
Feature 96 = 0.0036589801915102907
Feature 518 = 0.0033527317329003496
Feature 493 = 0.0033502832519445498
```

9.7　案例：基于 Spark 的链路预测算法

9.7.1　SNAP 符号社交网络 Epinions 数据集

在本案例中，使用 SNAP 项目中提供的有向符号社交网络 Epinions 数据集作为测试 Spark 下链路预测算法的基础数据。Epinions 数据集中包含了 131 828 个节点，841 372 条边。数据的下载地址为 http://snap.stanford.edu/data/soc-sign-epinions.txt.gz。

Epinions 数据集的部分数据如下：

```
# Directed graph: soc-sign-epinions
# Epinions signed social network
# Nodes: 131828 Edges: 841372
# FromNodeId    ToNodeId    Sign
0              1           -1
1              128552      -1
2              3            1
4              5           -1
4              155         -1
4              558          1
4              1509        -1
......
```

数据的每一行是一条有向边，格式为 [起点 ID][终点 ID][符号 1/–1]，中间用（Tab）键隔开。

选择数据集中的正边构建社交网络，用于统计各种特征；选择正边作为正样本，负边作为负样本。

9.7.2　基于 Spark 的链路预测算法

步骤 1　读取数据集 soc-sign-epinions.txt：

```
import org.apache.spark.rdd._
import org.apache.spark.graphx._
import org.apache.spark.mllib.classification._
import org.apache.spark.mllib.evaluation.MulticlassMetrics
import org.apache.spark.mllib.regression.LabeledPoint
import org.apache.spark.mllib.linalg.Vectors
```

```
val data = sc.textFile("data/epinions/soc-sign-epinions.txt")
val parsedData = data.map(_.split('\t') match { case Array(id1, id2, sign) =>
    (id1.toLong, id2.toLong, sign.toDouble)
})
```

步骤 2 创建节点对象 VertexRDD 和正边构成的 EdgeRDD 对象，用于构建 Graph：

```
val nodes: RDD[(VertexId, String)] =
sc.parallelize(0L until 131828L).map(id => (id, id.toString))
val edges: RDD[Edge[String]] =
    parsedData.filter(_._3 == 1.0).map{ case (id1, id2, sign) =>
    Edge(id1, id2, id1 + "->" + id2)
}
val network = Graph(nodes, edges)
val network_ops = network.ops
// 输出社交网络的节点数量和正边的数量
println("Number of nodes = " + network_ops.numVertices)
println("Number of edges = " + network_ops.numEdges)
```

输出结果为：

```
Number of nodes = 131828
Number of edges = 717667
```

步骤 3 为了简单，本案例中只统计节点的度作为分类特征：

```
val degrees = network_ops.degrees.map{case(id, degree) => (id.toLong,degree)}
val inDegrees = network_ops.inDegrees.map{case(id, degree) => (id.toLong,degree)}
val outDegrees = network_ops.outDegrees.map{case(id, degree) => (id.toLong,degree)}
```

步骤 4 将度特征整合到边的信息当中：

```
val dataset = parsedData.map{case(id1, id2, sign) =>
    (id1, (id2, sign))
}.join(degrees).join(inDegrees).join(outDegrees).map{
    case(id1, ((((id2, sign), degree), inDegree), outDegree)) =>
(id2, (id1, sign, degree, inDegree, outDegree))
}.join(degrees).join(inDegrees).join(outDegrees).map{
    case (id2, ((((id1, sign, degree1, inDegree1, outDegree1),
        degree2), inDegree2), outDegree2)) =>
(sign, degree1, inDegree1, outDegree1,degree2, inDegree2, outDegree2)
}
```

步骤 5 按照 3:2 划分为训练样本和测试样本：

```
val parsedDataset = dataset.map{ case(s, d1, d2, d3, d4, d5, d6) =>
    if (s == 1.0)
        LabeledPoint(1.0, Vectors.dense(d1, d2, d3, d4, d5, d6))
    else
        LabeledPoint(0.0, Vectors.dense(d1, d2, d3, d4, d5, d6))
}
```

```
val positiveDataset = parsedDataset.filter(_.label == 1.0)
valnegativeDataset = parsedDataset.filter(_.label == 0)
val positiveSplits = positiveDataset.randomSplit(Array(0.6, 0.4))
val negativeSplits = negativeDataset.randomSplit(Array(0.6, 0.4))
val training = sc.union(positiveSplits(0), negativeSplits(0)).cache()
val testing = sc.union(positiveSplits(1), negativeSplits(1))
```

步骤 6　按照二分类问题训练 Logistic 回归模型：

```
val model = new LogisticRegressionWithLBFGS().setNumClasses(2).run(training)
```

步骤 7　输出训练的模型在测试样本上的准确率和召回率：

```
val predictionAndLabels = testing.map { case LabeledPoint(label, features) =>
  val prediction = model.predict(features)
  (prediction, label)
}
val metrics = new MulticlassMetrics(predictionAndLabels)
println("Precision = " + metrics.precision(1.0))
println("Recall = " + metrics.recall(1.0))
```

输出的结果为：

```
Precision = 0.9187687687687688
Recall = 0.9912522274420865
```

步骤 8　输出每个特征的权值：

```
val weights = (1 to model.numFeatures) zip model.weights.toArray
weights.foreach{ case(k,w) =>
    println("Feature " + k + " = " + w)
}
```

输出的结果为：

```
Feature 1 = 0.0036000356186546623
Feature 2 = -0.00825132954214957
Feature 3 = 0.010750876875305754
Feature 4 = 0.0020032231059490795
Feature 5 = 0.0015775205704240596
Feature 6 = 0.006993336859927537
```

9.8　本章小结

本章介绍了社交网络的基本概念，以及基于谱聚类的社团挖掘算法和基于 Logistics 回归的链路预测算法。然后介绍了 Spark 中与 K 均值和 Logistics 回归相关的类型和函数，并给出了相应的程序实例。最后基于 SNAP 数据集，给出了 Spark 实现社交挖掘和链路预测算法的案例。

第 10 章

基于 Spark 的大规模新闻主题分析

随着近年来互联网上社交媒体迅速发展，网络提供给用户的内容呈爆炸式增长。面对海量的互联网资讯，用户可以使用搜索引擎主动查找自己需要的内容。而互联网社交媒体发展的新趋势，是由推荐系统为用户推送可能感兴趣的内容。推荐系统通过分析社交媒体的内容主题，同时分析用户的浏览历史，然后从互联网中发掘出与用户个人偏好相近的内容。

在本章将讲解主题模型（Topic Model）的理论和 Spark 下主题模型的实现。主题模型是当前用于内容分析、聚类和推荐应用最广泛的模型之一。该模型能够分析出文档或文档集的主题概率分布，将文本向量投射到更容易分析的主题空间当中，去除文本中存在的噪声，是文本分析的一种强有力技术。

10.1 主题模型简介

主题模型（Topic Model）在机器学习和自然语言处理等领域是用来在一系列文档中发现抽象主题的一种统计模型。直观来讲，如果一篇文章有一个中心思想，那么一些特定词语会更频繁的出现。比方说，如果一篇文章是有关旅游的，那"风景"和"酒店"等词出现的频率会高些。如果一篇文章是有关美食的，那"餐厅"和"美味"等词出现的频率会高些。更进一步地，一篇文章可以包含多种主题，而且每个主题所占比例各不相同。如果一篇文章 10% 和旅游有关，90% 和美食有关，那么和美食相关的关键字出现的次数大概会是和旅游相关的关键字出现次数的 9 倍。一个主题模型试图用数学框架来体现文档的这种特点。主题模型自动分析每个文档，统计文档内的词语，根据统计的信息来断定当前文档含有哪些主题，以及每个主题所占的比例各为多少。

利用主题模型和事先设定的主题个数，可以训练出文档集合中不同主题所占的比例（又叫主题比例，Topic Proportions）以及各个主题下关键词的出现概率（又叫主题分布，Topic Distributions）。从文档集合中训练得到的主题比例和主题分布，可以进一步地用在数据挖掘任务中。

1）**主题推断**：给定一篇新的文档 X，可以利用已有的主题模型训练结果，计算出该文档 X 中所包含的主题，以及各个主题所在比重。

2）**文档聚类**：主题可以看作是聚类中心，而文档可以看作是于多个聚类中心相关联的数据样本。利用主题模型做文档聚类，可以用于重新组织文档数据集。

3）**特征提取**：由于主题模型可以推断出每个文档在不同主题上的分布，因此这个分布可以看作是文档的一个新特征。该特征可以用于其他的机器学习模型当中。

4）**维度压缩**：主题模型得到的主题分布特征，可以看作是将原有的高维文档向量投影在低维主题空间当中。

10.2　主题模型 LDA

10.2.1　LDA 模型介绍

隐狄利克雷分布（Latent Dirichlet Allocation，LDA）是使用最广泛的主题模型之一。LDA 模型由 David Blei、Andrew Ng、Michael Jordan 于 2003 年提出，它可以将文档集中每篇文档的主题以概率分布的形式给出，从而通过分析一些文档抽取出它们的主题（分布）出来后，便可以根据主题（分布）进行主题聚类或文本分类。同时，它是一种典型的 Bag-of-words 模型，即一篇文档是由一组词构成，词与词之间没有先后顺序的关系。一篇文档可以包含多个主题，文档中每一个词都由其中的一个主题生成。

LDA 的这 3 位作者在原始论文中给了一个简单的例子。比如假设事先给定了这几个主题：Arts、Budgets、Children、Education，然后通过学习的方式，获取每个主题 Topic 对应的词语，如图 10-1 所示。

假设每个主题在一篇文档所占的概率分别为 $P(\text{"Arts"})=0.3$，$P(\text{"Budgets"})=0.3$，$P(\text{"Children"})=0.3$，$P(\text{"Education"})=0.1$。同时假设每个主题下每个单词出现的概率分布，例如 Arts 主题下单词 New 出现的概率是 $P(\text{"New"}|\text{"Arts"})=0.08$。

然后一篇文章可以按照如下的方式生成。

1）首先从主题 Arts、Budgets、Children、Education 中以上述主题分布概率选取一个主题 T。

"Arts"	"Budgets"	"Children"	"Education"
NEW	MILLION	CHILDREN	SCHOOL
FILM	TAX	WOMEN	STUDENTS
SHOW	PROGRAM	PEOPLE	SCHOOLS
MUSIC	BUDGET	CHILD	EDUCATION
MOVIE	BILLION	YEARS	TEACHERS
PLAY	FEDERAL	FAMILIES	HIGH
MUSICAL	YEAR	WORK	PUBLIC
BEST	SPENDING	PARENTS	TEACHER
ACTOR	NEW	SAYS	BENNETT
FIRST	STATE	FAMILY	MANIGAT
YORK	PLAN	WELFARE	NAMPHY
OPERA	MONEY	MEN	STATE
THEATER	PROGRAMS	PERCENT	PRESIDENT
ACTRESS	GOVERNMENT	CARE	ELEMENTARY
LOVE	CONGRESS	LIFE	HAITI

图 10-1　4 个不同主题和其相关词语

2）确定主题为 T 后，再以概率选取主题 T 下的某个单词 w。

3）不断地重复这两步，直到生成整篇文档的所有单词，最终生成如图 10-2 所示的一篇文章（其中不同颜色的词语分别对应图 10-1 中不同主题下的词，黑色单词为 4 个主题之外的辅助词）。

The William Randolph Hearst Foundation will give $1.25 million to Lincoln Center, Metropolitan Opera Co., New York Philharmonic and Juilliard School. "Our board felt that we had a real opportunity to make a mark on the future of the performing arts with these grants an act every bit as important as our traditional areas of support in health, medical research, education and the social services," Hearst Foundation President Randolph A. Hearst said Monday in announcing the grants. Lincoln Center's share will be $200,000 for its new building, which will house young artists and provide new public facilities. The Metropolitan Opera Co. and New York Philharmonic will receive $400,000 each. The Juilliard School, where music and the performing arts are taught, will get $250,000. The Hearst Foundation, a leading supporter of the Lincoln Center Consolidated Corporate Fund, will make its usual annual $100,000 donation, too.

图 10-2　从 4 个主题中生成的文档

从生成文档可以看出，Arts、Budgets、Children 主题的单词数量基本一致，而 Education 主题的单词数量最少，大约为其他 3 个主题单词数量的 1/3。

LDA 主题模型的产生式过程和概率图模型（图 10-3）如下。

1）从狄利克雷分布 α 中取样生成文档 i 的主题分布 θ_i。

2）从主题的多项式分布 θ_i 中取样生成文档 i 第 j 个词的主题 $Z_{i,j}$。

3）从狄利克雷分布 β 中取样生成主题 $Z_{i,j}$ 对应的词语分布 $\varphi_{Z_{i,j}}$。

4）从词语的多项式分布 $\varphi_{Z_{i,j}}$ 中采样最终生成词语 $w_{i,j}$。

10.2.2　LDA 的训练算法

LDA 模型的求解，主要有两种方法：EM 算法和 Gibbs 采样。

（1）EM 算法

由于 LDA 模型中含有隐变量（某篇文档中某个单词的所属主题 $Z_{i,j}$），LDA 模型的似然函数不存在显示的表达式。因此，一般采用的最大化对数似然函数的概率模型求解算法对 LDA 并不适用。EM 算法，全称 Expectation-Maximum 算法，是一种计算含有隐变量的概率模型的最常用算法之一。EM 算法并不直接计算对数似然函数的最值，而是计算对数似然函数对隐变量的期望，并通过最大化该期望来计算模型的参数。EM 算法是一种迭代算法，在给定待求解模型参数的初始值后，不断迭代 E-Step 和 M-Step 两个步骤来寻找最佳的模型参数。

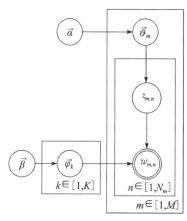

图 10-3　主题模型的概率图

1）E-Step：已知当前迭代的模型参数，计算出对数似然函数对隐变量的期望（或者只求解对数似然函数中包含期望的部分即可）。

2）M-Step：求解 E-Step 中所得期望的最大值，得到新的模型参数。

在 LDA 模型中，EM 算法的迭代步骤如下。

1）E-Step：已知当前迭代的主题比例 θ 和主题分布 φ，求解对数似然函数关于单词主题变量 $Z_{i,j}$ 的期望；通常这一步只用求解对数似然函数中包含 $Z_{i,j}$ 的期望。

2）M-Step：求解 E-Step 中所得期望的最大值，得到新的主题比例 θ 和主题分布 φ。

LDA 求解的 EM 算法可以很清晰地表示成一个二部图，如图 10-4 所示。

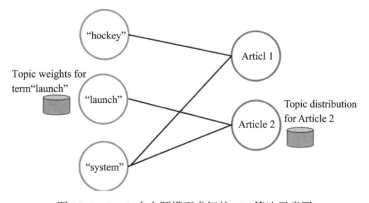

图 10-4　Spark 中主题模型求解的 EM 算法示意图

图中的左边节点，表示每个单词对应不同主题的权重，对应着 EM 算法中 E-Step 对数似然函数包含 $Z_{i,j}$ 期望的项；图中的右边节点，表示每篇文档对不同主题的分布，对应 LDA 模型的主题比例 θ 和主题分布 φ。如果文档 X 中包含单词 A，那么节点 X 和 A 之间就连接一条边。在这个二部图中，LDA 的 EM 算法就可以表示成为如下的节点通信过程，如图 10-5 所示。

1）E-Step：右边的文档节点将自己的参数传递给左边的单词节点，用于单词节点更新自己的期望。

2）M-Step：单词节点将自己的期望值传递给文档节点，用于文档节点更新自己的模型参数。

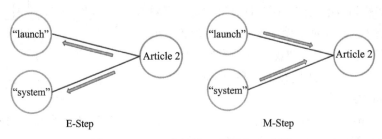

图 10-5　LDA 求解的 E 步骤和 M 步骤

LDA 的 EM 算法看作是一个图算法。Spark 中 LDA 的 EM 求解就是采用 GraphX 实现的。

（2）Gibbs 采样

Gibbs 采样是一种求解高维概率模型的常用迭代算法。Gibbs 采样的思路是，每次迭代中只选取概率向量的一个维度进行求解，即固定其他维度的变量值采样当前维度的值。不断迭代，直到收敛输出待估计的参数。而在 LDA 模型中，Gibbs 采样的计算方法如下：

初始时随机给文本中的每个单词分配主题 $Z_{i,j}$，然后统计每个主题 $Z_{i,j}$ 下出现单词 w 的数量以及每个文档 i 下出现主题 $Z_{i,j}$ 中的词的数量，每一轮计算 $p(Z_{i,j}|Z_{-i,j},i,w)$，即排除当前词的主题分配，根据其他所有词的主题分配估计当前词分配各个主题的概率。

$$p(Z_{i,j}|Z_{-i,j},i,w)= \frac{n(w|Z_{i,j})+\beta}{n(Z_{i,j})+W\beta} \cdot \frac{n(Z_{i,j}|i)+\alpha}{n(i)+K\alpha} \qquad (10\text{-}1)$$

当得到当前词属于所有主题的概率分布后，根据这个概率分布为该词采样一个新的主题 $Z_{i,j}$。然后用同样的方法不断更新下一个词的主题，直到发现每个文档下主题比例和每个主题下词的分布收敛，算法停止，输出待估计的模型参数，最终每个单词的主题 $Z_{i,j}$ 也同时得出。算法的框架如图 10-6 所示。

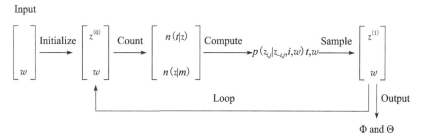

图 10-6　主题模型的 Gibbs 采样算法示意图

10.3　Spark 中的 LDA 模型

10.3.1　MLlib 对 LDA 的支持

Spark 从 1.3 版本开始支持 LDA 模型。库 org.apache.spark.mllib.clustering 下相应核心类型有 LDA，DistributedLDAModel。

类 LDA 是主题模型求解的类，当前版本中使用的求解算法是 10.2.2 节中介绍的分布式 EM 算法；在调用函数 run(documents: RDD[(Long, Vector)]) 求解 LDA 模型前，需要通过调用下列函数设置相应的参数。

❑ defsetK(k: Int)：LDA.this.type：设置 LDA 模型训练的主题个数。默认的主题个数为 10。

❑ def setMaxIterations(maxIterations: Int): LDA.this.type：设置 LDA 求解的 EM 算法最大迭代次数。默认的最大迭代次数为 20。

❑ def setDocConcentration(docConcentration: Double): LDA.this.type：设置主题比例的先验参数，设置值必须大于 1.0。该参数越大，则文档在不同主题上的分布越平滑。如果不设置该参数，则使用 (50/k)+1 作为默认值。

❑ def setTopicConcentration(topicConcentration: Double): LDA.this.type：设置各主题在单词上分布的先验参数，设置值必须大于 1.0。如果不设置该参数，则使用 1.1 作为默认值。

函数 run(documents: RDD[(Long, Vector)]) 将训练结果作为 DistributedLDAModel 返回。

类 DistributedLDAModel 是 LDA 的分布式训练结果，包含了各主题比例以及各主题的单词分布。调用 DistributedLDAModel 的函数可以返回相应的训练结果：

❑ def describeTopics(maxTermsPerTopic: Int): Array[(Array[Int], Array[Double])]：返回每个主题下最重要的 maxTermsPerTopic 个单词和相应的分布概率。如果不输入参数，则返回所以的单词（往往单词量巨大）。

❑ def topicDistributions: RDD[(Long, Vector)]：返回训练集的文档在各主题的分布概率。

❑ val logLikelihood:Double：返回训练集的对数似然概率 P(docs | topics, topic distributions for docs, alpha, eta)，用于模型的校验。

10.3.2　Spark 中 LDA 模型训练示例

Spark 的 data/mllib 文件夹下提供了 data/mllib/sample_lda_data.txt 作为训练 LDA 测试样本的文件，文件的每一行是一个固定长度的测试文档，每个数字代表文档相应位置的单词编号。其格式如下：

```
1 2 6 0 2 3 1 1 0 0 3
1 3 0 1 3 0 0 2 0 0 1
......
```

步骤 1　LDA 模型输入的参数是 RDD[(Long, Vector)]，包含每一篇文档的 ID 和其向量表示。因此首先对输入文件进行预处理：

```
import org.apache.spark.mllib.linalg.Vectors
import org.apache.spark.mllib.clustering.LDA
// 读取测试文件 data/mllib/sample_lda_data.txt
val data = sc.textFile("data/mllib/sample_lda_data.txt")
// 文档转换为 Vector 类型
val parsedData = data.map(s => Vectors.dense(s.trim.split(' ').map(_.toDouble)))
// 添加文档索引 ID
val corpus = parsedData.zipWithIndex.map(_.swap).cache()
```

步骤 2　将 LDA 挖掘的主题个数设置为 3，先验参数都使用默认值，并执行训练算法：

```
// 从测试文档集中挖掘 3 个主题
val ldaModel = new LDA().setK(3).run(corpus)
```

步骤 3　ldaModel 是一个 DistributedLDAModel 对象，其中保存了 LDA 模型训练的结果；ldaModel 的 topicsMatrix 中保存了各个主题下未归一化的单词概率分布：

```
// 输出训练主题
val topics = ldaModel.topicsMatrix
for (topic <- Range(0, 3)) {
    print("Topic " + topic + ":")
    for (word <- Range(0, ldaModel.vocabSize)) {
        print(" %.5f".format(topics(word, topic)));
    }
    println()
}
```

输出的 Topic 0 ~ 2 未归一化的单词概率分布如下：

```
Topic 0: 8.71291 4.60598 2.82855 17.05971 7.40114 8.548457.25198 2.75356 2.87309
4.93700 19.53498
Topic 1: 12.17668 12.05367 1.9101712.97286 12.50892 7.66465 11.250625.89442
1.69839 3.37033 4.86192
Topic 2: 5.11039 12.34034 7.26126 9.96742 5.08992 5.78688 12.49739 1.35200
3.42850 15.69265 8.60308
```

如果需要输出已经归一化的主题单词分布，可以调用 ldaModel 的 describeTopics() 函数。该函数的输出结果将单词按照在各主题下的分布概率大小排序：

```
// 按照单词概率输出每个主题下概率最大的 5 个单词 </p>
val topics = ldaModel.describeTopics(5)
for (k <- Range(0, 3)) {
    print("Topic " + k + ": ")
    for (w <- Range(0, 5)) {
        print("%d=%.5f ".format(topics(k)._1(w),topics(k)._2(w)))
    }
    println()
}
```

输出的结果如下：

```
Topic 0: 10=0.22581 3=0.19720 0=0.10071 5=0.09881 4=0.08555
Topic 1: 3=0.15021 4=0.14484 0=0.14099 1=0.13957 6=0.13027
Topic 2: 9=0.18010 6=0.14343 1=0.14163 3=0.11439 10=0.09873
```

如果希望获得归一化的 topicsMatrix，可以定义如下函数：

```
def normalizedTopicsMatrix(ldaModel: LDAModel): Array[Array[Double]] = {
    val topics = ldaModel.describeTopics()
    val topicsMatrix = new Array[Array[Double]](ldaModel.k)
    val rangeT = 0 until ldaModel.k
    rangeT.foreach{ t =>
        topicsMatrix(t) = (topics(t)._1 zip topics(t)._2).sortBy(_._1).map(_._2)
    }
    topicsMatrix
}
```

步骤 4　同时，如果调用 ldaModel 的 topicDistributions，可以输出训练集中所有文档在 3 个主题上的概率分布：

```
ldaModel.topicDistributions.sortByKey().collect().foreach(println)
```

输出的结果如下：

```
(0,[0.3236741916720861,0.2888538898974627,0.3874719184304512])
(1,[0.2938248961788427,0.4569080557808698,0.249267048804028751])
```

```
(2,[0.2367128257244619,0.3417801648425385,0.4215070094329997])
(3,[0.415266291266620906,0.23641781866713643,0.3483158900666546])
(4,[0.3812541242789507,0.3387946085327155,0.2799512671883338])
(5,[0.3078026452147383,0.37316412842523117,0.31903222636003056])
(6,[0.42594047909958294,0.24315290490194355,0.3309066159984736])
(7,[0.3908761836721451,0.31329011984716404,0.2958336964806908])
(8,[0.2867346026597432,0.48035391870440103,0.2329114786358558])
(9,[0.22770304220328694,0.2886661140091257,0.4836308437875873])
(10,[0.3807580596932087,0.27364469865449625,0.3455972416522951])
(11,[0.30881708756482035,0.45749788689560045,0.23368502553957918])
```

步骤 5　从训练样本中训练 LDA 模型得到的各主题单词分布，可以用来预测新文档的主题分布。在此使用 EM 算法进行推断：

```scala
import scala.math._
def inferenceTopics(topicsMatrix: Array[Array[Double]], doc: String,
maxIter: Int = 50): Array[Double] = {

    def hasConverged(a: Array[Double], b: Array[Double]) = {
      (a zip b).map{ case (x, y) => abs(x - y)}.max < 1e-2
    }

    val tokens = doc.split(' ').filter(!_.isEmpty).map(_.toInt)
    val prior = Array.fill(ldaModel.k)(1.0/ldaModel.k)
    val posterior = new Array[Double](ldaModel.k)
    val rangeT = 0 until ldaModel.k
    var converged = false
    var n = 0
    while(!converged && n < maxIter){
      rangeT.foreach{ t => posterior(t) = 0f}
      tokens.foreach{ id =>
        val z = rangeT.map{ t => prior(t) * topicsMatrix(t)(id) }
        val s = z.sum
        rangeT.foreach{ t => posterior(t) += z(t)/s }
      }
      val s = posterior.sum
      rangeT.foreach{t => posterior(t) /= s}
      converged = hasConverged(prior, posterior)
      rangeT.foreach{t => prior(t) = posterior(t)}
      n += 1
    }
    println(s"iterated ${n} steps")
    posterior
}
```

例如，运行代码

```scala
inferenceTopics(normalizedTopicsMatrix(ldaModel), "1 2 6 0 2 3 1 1 0 0 3")
```

输出结果为：

```
(0.24291866793556957, 0.013588717015638357, 0.7434926150487922)
```

由于初始值随机和迭代次数的问题，计算的结果往往和训练集的结果有所区别，但是大小关系一般都是准确的。

步骤 6　预测最佳的主题个数。LDA 模型训练前，需要制定主题的个数 K。然而，对于未知的训练样本，通常并不知道确切的主题数量。对数似然函数是判断当前的 K 是否能够准确描述训练样本主题，K 越接近真实的主题个数，训练得到的对数似然函数值越大。针对上述的测试样本，测试其主题数在 2 ~ 10 的情况下，对数似然函数的值的变化走势：

```
import org.apache.spark.mllib.clustering.LDA
import org.apache.spark.mllib.linalg.Vectors

val data = sc.textFile("data/mllib/sample_lda_data.txt")
val parsedData = data.map(s => Vectors.dense(s.trim.split(' ').map(_.
toDouble)))
val corpus = parsedData.zipWithIndex.map(_.swap).cache()
val logLikelihood = new Array[Double](9)
for (k <- Range(2, 11)) {
    val ldaModel = new LDA().setK(k).run(corpus)
    logLikelihood(k-2) = ldaModel.logLikelihood
}
```

结果绘制成为曲线图如图 10-7 所示，可以看到 K=5 是最佳的主题个数：

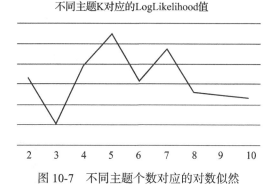

不同主题K对应的LogLikelihood值

图 10-7　不同主题个数对应的对数似然

10.4　案例：Newsgroups 新闻的主题分析

本节当中，我们将以 Newsgroups 的新闻数据作为示例，讲解如何对新闻数据进行主题分析。

10.4.1　Newsgroups 数据集介绍

Newsgroups 是一个新闻的数据集，是学术界和工业界使用最广泛的分类文本数据集之一，其官方地址为 http://qwone.com/~jason/20Newsgroups/。

Newsgroups 中包含 20 000 条新闻的数据，这些新闻数据一共来自 6 个大类，共计 20 个小类。Newsgroups 的主题分类如表 10-1 所示。

表 10-1　Newsgroups 的主题分类

科技公司新闻	体育新闻	科学新闻
comp.graphics	rec.auto	sci.crypt
comp.os.ms-windows.misc	rec.motorcycles	sci.electronics
comp.sys.ibm.pc.hardware	rec.sport.baseball	sci.med
comp.sys.mac.hardware	rec.sport.hockey	sci.space
comp.windows.x		
广告类新闻	政治新闻	宗教新闻
misc.forsale	talk.politics.misc	talk.religion.misc
	talk.politics.guns	alt.atheism
	talk.politics.mideast	soc.religion.christian

为了使得实现更加简单，使用已经预处理过的数据集 20news-bydate-matlab.tgz（下载链接：http://qwone.com/~jason/20Newsgroups/20news-bydate-matlab.tgz）。该数据集包含 6 个文件，其中 3 个是训练集数据（11 270 篇文档）train.data，train.label 和 train.map，另 3 个是测试集数据（7502 篇文档）test.data，test.label 和 test.map。其中：.data 文件是预处理过的文档数据，每行数据的格式为 [docIdx][wordIdx][count]，表示文件 docIdx 中包含 count 个单词 wordIdx；.label 文件是文档的分类，每一行数据只有一个整数，第 i 行数据就表示文档 i 的类别；.map 文件是类别 id 和 20 个真实类别的对应关系，格式为 [category_name][category_id]。

10.4.2　交叉验证估计新闻的主题个数

交叉验证（Cross validation）是一种评估机器学习算法泛化能力的统计方法。通常的做法是，首先将数据集分成若干不同的子集，然后用其中一部分子集（训练集）训练目标机器学习模型，而用其他子集（测试集）测试训练模型的准确率。使用交叉验证，可以确定出模型的最佳参数（如 LDA 主题模型中的主题个数）。一般地，交叉验证要尽量满足如下两个条件。

1）训练集的比例要足够多，一般大于一半。

2）训练集和测试集要均匀抽样。

K 折交叉验证（K-Fold Cross Validation）是一种最常用的交叉验证方法。K 折交叉验证将数据集随机均分为 K 个子集，然后用其中一个子集做测试集，其他 $K-1$ 个子集做训练集，循环 K 次验证使得每个子集都做过一次测试集。一个 3 折交叉验证的示意图如图 10-8 所示。

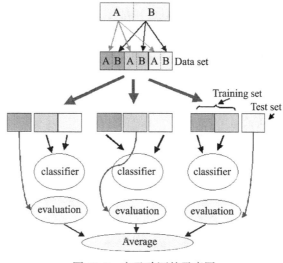

图 10-8　交叉验证的示意图

步骤 1　首先利用 CoordinateMatrix 读取数据集，并且整理成为 RDD[(Long, Vector)] 格式：

```
importorg.apache.spark.mllib.linalg.distributed._
import org.apache.spark.mllib.clustering._
val data = sc.textFile("data/newsgroups/20news-bydate/matlab/train.data")
val matrixEntries = data.map{s =>
    val splits = s.split(" ")
    MatrixEntry(splits(0).toLong, splits(1).toLong, splits(2).toDouble)
}
val matrix = new CoordinateMatrix(matrixEntries)
val parsedData = matrix.toIndexedRowMatrix.rows.map{r =>
  (r.index, r.vector)
}
println("Number of documents = %d, number of words = %d".format(matrix.
numRows, matrix.numCols))
```

输出的结果为：

```
Number of documents = 11270, number of words = 53976
```

步骤 2　将数据随机均分为 K 份。Spark 下可以使用函数 randomSplit 将样本集随机分成多份。例如，将数据集随机分为 5 份：

```
val splits = parsedData.randomSplit(Array.fill(5)(1.0/5))
```

步骤3 用其中 K-1 份子集训练 LDA 模型，得到 N 个主题的单词概率分布。例如，利用第 1 ~ 4 份子集做训练，训练 20 个主题的 LDA 模型：

```
val training_dataset = sc.union(splits(0),splits(1),splits(2),splits(3))
val ldaModel = new LDA().setK(20).run(training_dataset)
```

步骤4 根据训练得到的 N 个主题的单词概率分布，计算剩下一个子集的对数似然概率：

```
val topicsMatrix = normalizedTopicsMatrix(ldaModel)
var logLikelihood = 0.0
splits(4).collect().foreach{ doc =>
    val tokens = doc.split(' ').filter(!_.isEmpty).map(_.toInt)
    val posterior = inferenceTopics(topicsMatrix, doc)
    tokens.foreach{ id =>
        val z = rangeT.map{ t => posterior(t) * topicsMatrix(t)(id) }
        logLikelihood = logLikelihood + log(z.sum)
    }
}
```

步骤5 循环 K 次验证，计算测试集的平均对数似然概率。

步骤6 设定不同的主题个数 N，计算不同主题个数时测试集的平均对数似然概率。平均对数似然概率最大时对应的主题个数 N，就是最佳的样本主题个数。

整理上述代码，完整的交叉验证选择 15 ~ 25 中最佳主题个数的程序如下：

```
importorg.apache.spark.mllib.linalg.distributed._
import org.apache.spark.mllib.clustering._
// 读取数据
val data = sc.textFile("data/newsgroups/20news-bydate/matlab/train.data")
val matrixEntries = data.map{s =>
    val splits = s.split(" ")
    MatrixEntry(splits(0).toLong, splits(1).toLong, splits(2).toDouble)
}
val matrix = new CoordinateMatrix(matrixEntries)
val parsedData = matrix.toIndexedRowMatrix.rows.map{r =>
  (r.index, r.vector)
}
// 数据集分为 5 份
val splits = parsedData.randomSplit(Array.fill(5)(1.0/5))
// 测试 15 ~ 25 的主题个数
val rangeT = 15 to 25
val logLikelihood = Array.fill(11)(0.0)
rangeT.foreach{ k =>
```

```
    for (i <- 0 to 4) {
        val training_index = (0 to 4).toArray.filter(_!=i)
// 其中 4 个数据集作为训练集
        var training_dataset = sc.union(
                splits(training_index(0)),
                splits(training_index(1)),
                splits(training_index(2)),
                splits(training_index(3)))
        // 训练主题个数为 k 的 LDA 模型
        val ldaModel = new LDA().setK(k).run(training_dataset)
        // 返回归一化的主题分布，使用上一节定义的函数 normalizedTopicsMatrix()
        val topicsMatrix = normalizedTopicsMatrix(ldaModel)
        // 统计测试集的 LogLikelihood
        splits(i).collect().foreach{ doc =>
            val tokens = doc.split(' ').filter(!_.isEmpty).map(_.toInt)
            val posterior = inferenceTopics(topicsMatrix, doc)
            tokens.foreach{ id =>
                val z = rangeT.map{ t => posterior(t) * topicsMatrix(t)(id) }
                logLikelihood(k) += log(z.sum)
            }
        }
    }
    logLikelihood(k) /= 5
}
// 输出最大 LogLikelihood 对应的主题个数
println("Best topic number = " + logLikelihood.indexOf(logLikelihood.max))
```

输出的结果为：

```
Best topic number = 20
```

10.4.3　基于主题模型的文本聚类算法

文本聚类是信息检索（Information Retrieval）中的一个重要概念。一个好的文档聚类方法，计算机可以自动地将文档语料库组织成一个有意义的群集层次结构，从而使语料库高效浏览和导航。文档聚类可以产生不相交的或者重叠划分（软划分）。在重叠划分中，一个文档可能出现在多个类中，这种划分可以产生一个更好的聚类，因为一个文档通常会涉及多个主题。图 10-9 是文本聚类在搜索引擎中应用的一个示例（Yippy 搜索引擎搜索 Apple 的结果，左侧展示出来了相关网页的聚类结果）。

要进行聚类首先必须考虑如何处理数据。大部分已存在的文档聚类方法选择将每一个文档表示为一个向量，这样就可以将文档聚类简化成为一个简单的数据聚类。主题模型可以将文档表示为文档在各个主题上的分布向量，同时达到了文档降维和去除噪声的效果。然后再利用例如 K 均值聚类算法对文档进行聚类。

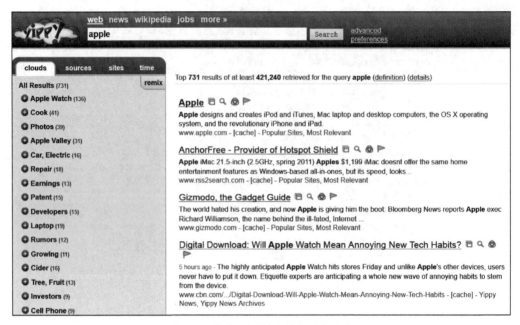

图 10-9　按主题对搜索结果进行聚类

Spark 下基于主题模型的聚类算法如下所示。

步骤 1　仍然是将数据读取到 RDD 当中：

```
importorg.apache.spark.mllib.linalg.distributed._
import org.apache.spark.mllib.clustering._
val data = sc.textFile("data/newsgroups/20news-bydate/matlab/train.data")
val matrixEntries = data.map{s =>
     val splits = s.split(" ")
     MatrixEntry(splits(0).toLong, splits(1).toLong, splits(2).toDouble)
}
val matrix = new CoordinateMatrix(matrixEntries)
val parsedData = matrix.toIndexedRowMatrix.rows.map{r =>
  (r.index, r.vector)
}
```

步骤 2　训练一个主题为 20 的 LDA 模型，并且输出文档的主题向量表示：

```
val ldaModel = new LDA().setK(20).run(parsedData)
val docVectors = ldaModel.topicDistributions.map(_._2)
```

步骤 3　最后利用 MLlib 的 K 均值算法，对文档向量进行聚类学习。设置聚类的个数为 20，最大迭代次数为 100：

```
val clusters = KMeans.train(docVectors, 20, 100)
```

```
val WSSSE = clusters.computeCost(docVectors)
println("Within Set Sum of Squared Errors = " + WSSSE)
```

输出的结果为：

```
Within Set Sum of Squared Errors = 251.80801495212881
```

更多的聚类操作请参考第 9 章内容。

10.4.4 基于主题模型的文本分类算法

利用主题模型将文档压缩成为主题向量后，还可以实现文本的分类。在本小节中，利用 LDA 模型，结合 Logistics 回归实现文本分类算法。

步骤 1 和上一节相同，先读入文档数据，并且压缩为主题向量：

```
import org.apache.spark.mllib.linalg.distributed._
import org.apache.spark.mllib.clustering._
import org.apache.spark.mllib.classification._
import org.apache.spark.mllib.evaluation.MulticlassMetrics
import org.apache.spark.mllib.regression.LabeledPoint
// 读取数据到 RDD[(Long, Vector)] 中
val data = sc.textFile("data/newsgroups/20news-bydate/matlab/train.data")
val matrixEntries = data.map{s =>
val splits = s.split(" ")
    MatrixEntry(splits(0).toLong, splits(1).toLong, splits(2).toDouble)
}
val matrix = new CoordinateMatrix(matrixEntries)
val parsedData = matrix.toIndexedRowMatrix.rows.map{r =>
    (r.index, r.vector)
}
// 训练 LDA 模型，求解文档的主题向量表示
val ldaModel = new LDA().setK(20).run(parsedData)
val docVectors = ldaModel.topicDistributions
```

步骤 2 从 .label 文件中读入每个文档的分类，并且和文档的主题向量合并，并且转换为 Logistics 回归所需要的 RDD[LabeledPoint] 对象：

```
// 读取文档的分类标签
val label_data = sc.textFile("data/newsgroups/20news-bydate/matlab/train.label")
val labels = label_data.map(_.toLong).zipWithIndex.map(_.swap)
// 与主题向量合并
val labeled_docVectors = labels.join(docVectors).map(_._2)
// 转换为 RDD[LabeledPoint]
val dataset = labeled_docVectors.map{doc =>
    LabeledPoint(doc._1.toDouble - 1, doc._2)
}
```

步骤 3 将有标签的数据按 3:2 划分为训练集和测试集。

```
val splits = dataset.randomSplit(Array(0.6, 0.4))
val training = splits(0)
val testing = splits(1)
```

步骤 4 在训练集上训练一个 Logistics 回归模型。

```
val model = new LogisticRegressionWithLBFGS().setNumClasses(20).run(training)
```

步骤 5 在测试集上验证模型的准确度。

```
val predictionAndLabels = testing.map { case LabeledPoint(label, features) =>
  val prediction = model.predict(features)
  (prediction, label)
}
val metrics = new MulticlassMetrics(predictionAndLabels)
println("Precision = " + metrics.precision + ", Recall = " + metrics.recall)
```

输出的结果为：

```
Precision = 0.871145328350123, Recall = 0.7982698374618232
```

10.5　本章小结

本章介绍了主题模型的基本概念、原理和常见的求解方法，并且给出了 Spark 中与主题模型相关的类型和函数。同时给出了 Spark 求解 LDA 模型的示例，以及基于 Newsgroup 真实新闻数据集的主题聚类和分类算法案例。

第 11 章　*Chapter 11*

构建分布式的搜索引擎

搜索引擎是互联网时代最重要的应用之一。几乎每天都要使用搜索引擎从海量的互联网当中查找自己需要的网页。搜索引擎是一项非常复杂的技术，其中包含很多机器学习的知识。

在本章中，将使用 Spark 来实现搜索引擎的搜索结果排序算法，包括如何计算网页的 PageRank 值和实现基于 Ranking SVM 的查询相关排序算法。除了需要用到 MLlib 之外，将介绍另一个重要的库 GraphX。

11.1　搜索引擎简介

搜索引擎，通常指的是收集了互联网上海量的网页并对网页中的关键词进行索引，建立索引数据库的全文搜索引擎。当用户查找某个关键词的时候，所有在页面内容中包含了该关键词的网页都将作为搜索结果被搜出来。在经过搜索引擎的排序算法进行排序后，这些结果网页将按照其重要性和与搜索关键词的相关性，依次排列。

标准的搜索引擎通常可以分为 4 大系统，如图 11-1 所示：下载系统、分析系统、索引系统和查询系统。

下载系统也通常被称为网络爬虫（Web Crawler），搜索引擎通过下载系统在互联网上发现新网页并抓取网页文件。下载系统从已知的网址入口出发，访问这些网址并且抓取网页文件。同时，搜索引擎通过爬虫跟踪网页中的链接，在不同的网站之间跳转，从而发现并且获取更多的网页。

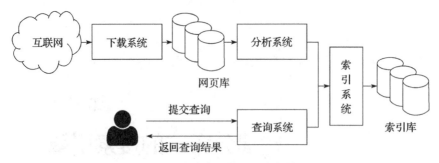

图 11-1　搜索引擎的基本架构

分析系统的主要功能包括对抓取网页进行分解，定位网页标题和正文，进行中文分词和去除重复网页等。被分析系统处理过的网页将通过索引系统保存在索引库当中。

索引系统存储并索引了数以亿计经过了分析处理的网页。根据用户提供的检索关键词，高性能的索引系统能够在秒级时间内提供包含检索关键词的网页结果。

查询系统能够对用户提交的搜索关键词进行快速处理，如中文特有的分词处理，去除停止词，判断是否需要启动整合搜索，判断是否有拼写错误或错别字等情况。同时，查询系统需要对索引系统返回的包含查询关键词的结果网页进行排序，将最相关、最可靠的信息返回给用户。

11.2　搜索排序概述

排序是众多信息检索系统中的一个核心问题，如文档检索、协同过滤、关键词提取、命名实体识别、电子邮件路由、情感分析、产品评价和反垃圾等。所谓搜索排序，就是对搜索关键词的索引结果按照其重要性和搜索相关度进行排序。一个常见的搜索排序问题如图 11-2 所示。当用户输入查询词"Spark 数据分析案例"，搜索引擎首先将查询词做中文分词处理，得到关键词"Spark""数据""分析""案例"。然后搜索引擎通过关键词索引找到包含这些关键词的网页 $P=\{page_1, page_2, \cdots, page_n\}$，并通过排序算法按照网页的重要性和查询相关性将网页的排序结果 $pager_1 > pager_2 > \cdots > pager_n$ 返回给用户，尽量将满足用户真实需求的网页排在搜索结果的前面。

通常按照排序模型之间是否有查询关系，将排序模型分为两类：查询相关的排序模型和查询无关的排序模型。查询无关的排序模型，是指依照文档的重要程度对文档进行排序，而与具体的查询无关，如 PageRank 模型，HITS 模型，TrustRank 模型等。而查询相关的排序模型，是指相对一个查询，按照与查询的相关程度，对文档进行排序，已经提出的模型有布尔模型（Boolean Model）、向量空间模型（Vector Space Model）、Okapi BM25 模型等。

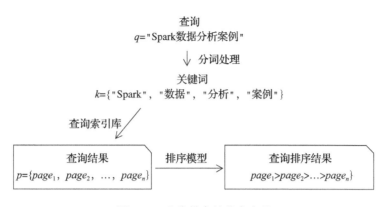

图 11-2　查询排序的基本流程

11.3　查询无关模型 PageRank

PageRank，网页排名，又称网页级别、Google 左侧排名或佩奇排名，是一种由搜索引擎根据网页之间相互的超链接计算的技术。而作为网页排名的要素之一，以Google 公司创办人拉里・佩奇（Larry Page）之姓来命名。Google 用它来体现网页的相关性和重要性，在搜索引擎优化操作中是经常被用来评估网页优化的成效因素之一。Google 的创始人拉里・佩奇和谢尔盖・布林于 1998 年在斯坦福大学发明了这项技术。

PageRank 模型依靠如下 3 个指标评价网页的重要性。

1）认可度越高的网页越重要，即反向链接（Backlink）越多的网页越重要。

2）反向链接的源网页质量越高，被这些高质量网页的链接指向的网页越重要。

3）链接数越少的网页越重要。

PageRank 采用如下公式计算：

$$PR(p_i)=1-d+d\sum_{p_j \in M(p_i)}\frac{PR(p_j)}{L(p_j)} \tag{11-1}$$

式中，$PR(p_i)$ 为网页 p_i 的 PageRank 值；$p_1, p_2, \cdots, p_N$ 为网络中的所有网页，N 是网页的总数；$L(p_j)$ 为网页 p_i 的外链总数；d 为阻尼系数，$0<d<1$，$d\frac{PR(p_j)}{L(p_j)}$ 表示在随机冲浪模型中网页 p_j 将自身的 d 份额的 PageRank 值平均分给每个外链。由于网页 p_j 指向网页 p_i，因此网页 p_i 获得来自网页 p_j 的 $L(p_j)$ 分之一的 PageRank 值；d 的一个常用取值为0.85。

图 11-3 中通过一个简单的网络来示范 PageRank 的计算方法。

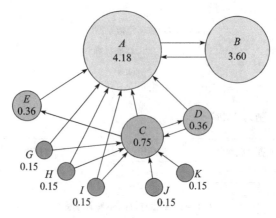

图 11-3　PageRank 算法示例

假定 d=0.85，那么根据 PageRank 的计算公式可以得到如下的方程组：

$$PR(A)=0.15+0.85\left(PR(B)+\frac{PR(C)}{3}+\frac{PR(D)}{2}+PR(E)+\frac{PR(G)}{2}+\frac{PR(H)}{2}+\frac{PR(I)}{2}\right)$$

$$PR(B)=0.15+0.85\times PR(A)$$

$$PR(C)=0.15+0.85\left(\frac{PR(D)}{2}+\frac{PR(G)}{2}+\frac{PR(G)}{2}+\frac{PR(I)}{2}+PR(J)+PR(K)\right)$$

$$PR(D)=PR(E)=0.15+0.85\times\frac{PR(C)}{3}$$

$$PR(G)=PR(H)=PR(I)=PR(J)=PR(K)=0.15$$

解这个方程组，得到所有网页的 PageRank 值：

$$PR(A)=4.18$$

$$PR(B)=3.60$$

$$PR(C)=0.75$$

$$PR(D)=PR(E)=0.36$$

$$PR(G)=PR(H)=PR(I)=PR(J)=PR(K)=0.15$$

从结果中可以看到，由于 B 被最重要的 A 引用，即使 B 的引用总数远小于 C，B 比 C 拥有更高的 PageRank 值。

11.4　基于 Spark 的分布式 PageRank 实现

11.4.1　PageRank 的 MapReduce 实现

互联网目前的网页数量已经超过 100 亿，方程组的解法需要求解一个 100 亿

×100 亿矩阵的逆矩阵，而直接计算如此大规模的矩阵求逆运算是不可行的。通常求解 PageRank 都采用迭代公式：

$$PR_t(p_i)=1-d+d\sum_{p_j \in M(p_i)} \frac{PR_{t-1}(p_j)}{L(p_j)} \qquad （11\text{-}2）$$

式中，$PR_t(p_i)$ 为网页 p_i 在第 t 次迭代中的 PageRank。初始 PageRank 值通常设为 $PR_0(p_i)=1$。

迭代的 PageRank 求解需要借助分布式 MapReduce 方案来实现。实际上，Google 发明 MapReduce 最初就是为了分布式计算大规模网页的 PageRank。MapReduce 的 PageRank 有很多实现方式，这里给出一种较为简单的基于 Spark 的分布式 PageRank 实现。

假设输入的网页结构数据采用稀疏矩阵的形式表示，每一个网页以及其引用的其他网页作为一行存储，存储在文件 data/test_network.txt 当中。例如，一个网络结构可以表示为如下格式：

```
A    B
B    A
C    A    D    E
D    A    C
E    A
G    A    C
H    A    C
I    A    C
J    C
K    C
```

（1）在第 t 次迭代的 Map 阶段

对于每一个网页 p_j 和任意一个 p_j 引用的网页 p_i，输出一个以 p_i 为 Key，以 $PR_{t-1}(p_j)$ 的 $L(p_j)$ 分之一为 Value 的〈Key,Value〉对$\left\langle p_i, \frac{PR_{t-1}(p_j)}{L(p_j)}\right\rangle$。例如输入网络结构的第三行 Map 的输出结果为 {〈A,PR(C)/3〉,〈D,PR(C)/3〉,〈E,PR(C)/3〉}。

（2）在第 t 次迭代的 Reduce 阶段

对于每一个网页 p_j，收集以 p_j 为 Key 的〈Key,Value〉对$\left\langle p_i, \frac{PR_{t-1}(p_j)}{L(p_j)}\right\rangle$，用于更新 $PR_t(p_i)$。

例如，网页 C 收到的〈Key,Value〉对有：〈C,PR(D)/2〉,〈C,PR(G)/2〉,〈C,PR(H)/2〉,〈C,PR(I)/2〉,〈C,PR(J)〉,〈C,PR(K)〉，则网页 C 的 PageRank 值更新为

$$PR(C)=0.15+0.85\left(\frac{PR(D)}{2}+\frac{PR(G)}{2}+\frac{PR(G)}{2}+\frac{PR(I)}{2}+PR(J)+PR(K)\right)$$

计算 PageRank 的迭代 MapReduce 的过程如图 11-4 所示。

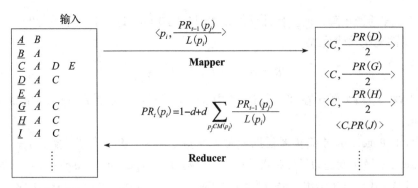

图 11-4 PageRank 的迭代 MapReduce 基本流程

步骤 1 读取输入文件，将每一行原始输入，例如 $C\ A\ D\ E$，输出网页之间的链接关系，例如 (C,A)、(C,D)、(C,E)，并将结果缓存到内存变量 links 中，得到引用关系：

```
val lines = sc.textFile("data/test_network.txt")
val links = lines.flatMap(line => {
    val list = line.split("\\s+")
    list.drop(1).map((list(0),_))
}).groupByKey().cache()
```

步骤 2 初始 PageRank 值为 1.0：

```
var ranks = links.mapValues(v => 1.0)
```

步骤 3 迭代 100 次 MapReduce，计算网页的 PageRank 值：

```
for (i <- 1 to 100) {
/* Map 操作 */
        /* 每一个网页对其他网页的贡献，是其当前的 PageRank 值除以链接数量，即 rank / size。
            同时，对于没有输入链接的网页，其得到的 PageRank 贡献为 0 */
        valcontribs = links.join(ranks).values.flatMap{ case (urls, rank) =>
            val size = urls.size
            urls.map(url => (url, rank / size))
        }.union(links.mapValues(v =>0.0))
        /* Reduce 操作 */
        /* 网页的新 PageRank 值等于 0.15 加入 0.85 倍的其得到的其他网页的 PageRank 贡献 */
        ranks = contribs.reduceByKey(_ + _).mapValues(0.15 + 0.85 * _)
}
```

步骤 4 输出结果：

```
val output = ranks.sortByKey().collect()
output.foreach(tup =>println(tup._1 + " has rank: " + tup._2 + "."))
```

程序的输出结果如下：

```
A has rank: 4.12132060761008.
B has rank: 3.65312278414738.
C has rank: 0.7503552818569399.
D has rank: 0.3626006631927996.
E has rank: 0.3626006631927996.
G has rank: 0.15.
H has rank: 0.15.
I has rank: 0.15.
J has rank: 0.15.
K has rank: 0.15.
```

11.4.2　Spark 的分布式图模型 GraphX

Spark 的 GraphX 库提供了更为模块化的分布式 PageRank 实现。GraphX 是一个分布式图模型，提供了大规模图的存储和计算操作。在 org.apache.spark.graphx 下，提供了多种相关类型，包括 Graph、GraphLoader 和 GraphOps。

Graph 是图的存储对象，并可以用多种方式创建。

1）利用 Graph.fromEdges(edges: RDD[Edge[ED]], defaultValue: VD) 创建：如果已经得到了边的对戏 RDD[Edge]，那么可以使用 Graph.fromEdges 创建 Graph 对象。

2）利用 GraphLoader.edgeListFile(sc: SparkContext, path: String) 创建：如果有一个保存着边信息的文件，每行为一条边的两个节点 ID，那么可以使用 GraphLoader.edgeListFile 函数创建 Graph 对象。

在后续的案例中，将展示两种图的创建方法。

Graph 对象创建后，可以获取 GraphOps 对象。GraphOps 是各种图操作函数的集合，其中包含的常用操作如下。

- "val degrees: VertexRDD[Int]"：获取图中每个节点的度信息。
- "val inDegrees: VertexRDD[Int]"：获取图中每个节点的入度。
- "val outDegrees: VertexRDD[Int]"：获取图中每个节点的出度。
- " def collectNeighbors(edgeDirection: EdgeDirection): VertexRDD[Array[(VertexId, VD)]]"：获取图中每个节点的邻点。
- "def triangleCount(): Graph[Int, ED]"：计算图中的三角形个数。
- "def pageRank(tol: Double, resetProb: Double = 0.15): Graph[Double, Double]"：计算图中每个节点的 PageRank 值。

11.4.3　基于 GraphX 的 PageRank 实现

利用 GraphX，假设原始的输入文件结构同上（字母必须替换为相应的阿拉伯），那么 GraphX 计算 PageRank 的代码如下：

步骤 1　仍然是首页读入数据，得到网页的引用关系，并且转存为 RDD[Edge] 对象：

```
importorg.apache.spark.graphx._
importorg.apache.spark.rdd.RDD
val lines = sc.textFile("data/test_network.txt")
valedges: RDD[Edge[String]] = lines.flatMap(line => {
    val list = line.split("\\s+")
    list.drop(1).map(a =>(list(0).toLong,a.toLong))
}).map{case(k,v) => Edge(k,v)}
```

步骤 2　创建 Graph 对象：

```
val graph : Graph[Any, String] = Graph.fromEdges(edges, "defaultProperty")
```

步骤 3　计算 PageRank 值。pageRank 函数只有一个参数，即迭代中止的精确度：

```
val ranks = graph.pageRank(0.001).vertices
```

步骤 4　输出结果：

```
val output = ranks.sortByKey().collect()
output.foreach(tup =>println(tup._1 + " has rank: " + tup._2 + "."))
```

程序的输出结果如下，和原始 MapReduce 程序的输出结果基本相同：

```
1 has rank: 4.110421529707631.
2 has rank: 3.64221795422354.
3 has rank: 0.7499356064952257.
4 has rank: 0.3622294491319444.
5 has rank: 0.3622294491319444.
7 has rank: 0.15.
8 has rank: 0.15.
9 has rank: 0.15.
10 has rank: 0.15.
11 has rank: 0.15.
```

11.5　案例：GoogleWeb Graph 的 PageRank 计算

在本案例中继续使用 SNAP 项目的数据集。SNAP 项目中包括 4 个 Web 网络的数据集，分别如下。

❑ Berkeley-Stanford web graph：2002 年采集于 berkely.edu 和 stanford.edu，包含 685 230 个网页和 7 600 595 条链接。

❑ Stanford web graph：2002 年采集于 stanford.edu，包含 281 903 个网页和 2 312 497 条链接。

❑ Note Dame web graph：1999 年采集于 nd.edu，包含 325 729 个网页和 1 497 134 条链接。

❑ Google web graph：在 2002 年的 Google Programming Contest 上发布，包括 875 713 个网页和 5 105 039 条链接。

每一个 Web 网络的数据集都极为稀疏。例如 Google web graph 的稀疏度就达到了 0.9999933%，因此数据集都采用稀疏表的表示方法。Google web graph 部分数据如下：

```
# Directed graph (each unordered pair of nodes is saved once): web-Google.txt
# Webgraph from the Google programming contest, 2002
# Nodes: 875713 Edges: 5105039
# FromNodeId    ToNodeId
0               11342
0               824020
0               867923
0               891835
11342           0
11342           27469
11342           38716
```

处理稀疏表格式的数据以使用 GraphX 的 GraphLoader 对象直接处理，因此求解 Google web graph 的 PageRank 值全部代码如下。

步骤 1 读取输入文件，创建 Graph 对象：

```
importorg.apache.spark.graphx._
val graph = GraphLoader.edgeListFile(sc, "data/google/web.txt")
```

步骤 2 计算 PageRank 值：

```
val ranks = graph.pageRank(0.001).vertices
```

步骤 3 输出 PageRank 值最大的 10 个节点：

```
valtopN = 10
val output = ranks.map{case(k,v)=>(v,k)}.top(topN)
output.foreach(tup =>println(tup._2 + " has rank: " + tup._1 + "."))
```

程序输出 PageRank 值最大的前 10 个节点是：

```
1676 has rank: 2.2791120633827946.
1020 has rank: 2.2310326676914993.
386 has rank: 2.129816969274568.
222 has rank: 2.1093782403008285.
227 has rank: 2.0502512054468944.
388 has rank: 2.0261023557995665.
```

```
389 has rank: 2.016710462869232.
688 has rank: 1.9398379460481705.
226 has rank: 1.900479925745788.
842 has rank: 1.896261314606748.
```

11.6　查询相关模型 Ranking SVM

Ranking SVM 是一种基于 SVM 分类器的 pair-wise 排序模型。所谓 pair-wise 排序模型，是指通过对同一个查询下的所有搜索结果，按照它们和目标查询之间的相似度进行两两比较，从而得到搜索结果的展示顺序。而 Ranking SVM 则是通过事先训练好一个 SVM 分类器来进行搜索结果两两比较。

通过一个示例来解释 Ranking SVM 是如何产生用于训练 SVM 分类器的训练样本。假设有一个用户使用搜索引擎搜索关键词"Support Vector Machine"，搜索引擎返回的前 10 条搜索结果如下。在这 10 条搜索结果当中，用户只单击了链接 1、4、7（用加粗字体表示），而放弃了其他的结果链接。

1. Support Vector Machine

http://jbolivar.freeservers.com/

2. Kernel Machines

http://svm.first.gmd.de/

3. SVM-Light Support Vector Machine

http://ais.gmd.de/~thorsten/svm_light/

4. An Introduction to Support Vector Machines

http://www.support-vector.net/

5. Support Vector Machine and Kernel Methods References

http://svm.research.bell-labs.com/SVMrefs.html

6. Archives of SUPPORT-VECTOR-MACHINES@JISCMAIL.AC.UK

http://www.jiscmail.ac.uk/lists/SUPPORT-VECTOR—MACHINES.html

7. Support Vector Machine - The Software

http://www.support-vector.net/software.html

8. Lucent Technologies: SVM demo applet

http://svm.research.bell-labs.com/SVT/SVMsvt.html

9. Royal Holloway Support Vector Machine

http://svm.dcs.rhbnc.ac.uk/

10. Lagrangian Support Vector Machine Home Page

http://www.cs.wisc.edu/dmi/lsvm

首先，从用户的点击行为中并不能推导出链接 1、4、7 与查询关键词相似度的大小顺序。同时，由于用户的点击行为本身会受到搜索引擎的排序结果影响，用户通常会更偏向于选择位置考前的链接，因此也不能百分百地肯定链接 1、4、7 与查询关键词相似度就大于其他所有用户未选择的链接。

但是，从用户的点击行为中可以判断，链接 4 与查询关键词的相似度一定大于链接 2、3，而链接 7 与查询关键词的相似度一定大于链接 2、3、5、6。这是因为假设用户从上往下检查搜索结果，即使搜索引擎把其他结果推荐到了链接 4 和 7 前面，用户还是选择了链接 4 和 7，即

$$rank(l_4) > rank(l_2) \quad rank(l_7) > rank(l_2)$$
$$rank(l_4) > rank(l_3) \quad rank(l_7) > rank(l_3)$$
$$rank(l_7) > rank(l_5)$$
$$rank(l_7) > rank(l_6)$$

Ranking SVM 算法通过一个映射函数 $\boldsymbol{\Phi}$ 将查询 q 和链接 l 映射到一个特征空间 $\boldsymbol{R}^n$ 当中，该特征空间得到的映射结果向量 x 用来表示查询 q 和链接 l 在各个方面的相似度。实际工程中常用的映射函数如下。

□ 关键词覆盖数 / 率（Cover Term Number/Ratio）：查询的关键词中，在搜索结果的标题、正文中出现关键词个数 / 占查询关键词总数的比例。

□ 关键词命中率（Term Frequency，TF）：查询的关键词在链接网页的标题、正文部分出现的次数占网页单词总数的比例。

□ 逆向文件频率（inverse document frequency，IDF）：某个查询关键词的 IDF，是索引中总网页数目除以包含该词语之搜索结果的数目，再将得到的商取对数。

□ 关键词命中率 × 逆向文件频率（TfIdf）：查询关键词的关键词命中率和逆向文件频率的乘积。

□ TF、IDF 和 TfIdf 统计指标：所有查询关键词 TF、IDF 和 TfIdf 的求和 Sum、最大值 Max、最小值 Min、平均值 Mean 和方差 Variance 等。

□ 其他指标：包括搜索结果的 PageRank 值，更新时间 Update Time，用户评分 Score 等。

在映射函数 $\boldsymbol{\Phi}$ 已知的情况下，就可以将查询 q="SupportVectorMachine" 和搜索结果 $l_i(i=2,3,4,\cdots,7)$ 映射为特征向量 x_i，即 $x_i = \boldsymbol{\Phi}(q, l_i)$。根据上文给出的链接相关度大小对比，定义训练样本 $\langle x_i - x_j, y_{ij} \rangle$，其中

$$y_{ij} = \begin{cases} -1, & rank(l_i) \leq rank(l_j) \\ 1, & rank(l_i) \geq rank(l_j) \end{cases}$$

Ranking SVM 产生训练样本的过程如图 11-5 所示。

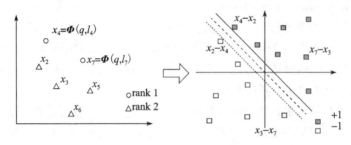

图 11-5 Ranking SVM 基本原理

Ranking SVM 产生训练样本的过程，就是将搜索结果排序问题转换成为训练 SVM 分类器进行二分类问题。支持向量机 SVM 是一种常用监督学习算法，通过寻找最大间隔超平面，即使得属于两个不同类的数据点间隔最大的平面，对数据进行分类。一般地，SVM 的优化目标函数为

$$\min_{\omega, \xi, b} \frac{1}{2} \|\omega\|^2 + C \sum_i \xi_i \qquad (11\text{-}3)$$
$$\text{s.t.} \quad y_i(\omega^T x_i - b) \geq 1 - \xi_i, \quad \xi_i \geq 0$$

式中，ω 为超平面的法向量；b 为超平面的截距；ξ_i 为用于控制错误率的松弛变量。

利用 SVM 分类器，Ranking SVM 通过两两比较搜索结果与查询的相关度来对搜索结果排序。和 SVM 类似，Ranking SVM 的优化目标为

$$\min_{\omega, \xi} \frac{1}{2} \|\omega\|^2 + C \sum_{i,j} \xi_{ij} \qquad (11\text{-}4)$$
$$\text{s.t.} \quad y_{ij} \langle \omega, \Phi(q, l_i) - \Phi(q, l_j) \rangle \geq 1 - \xi_{ij}, \quad \xi_{ij} \geq 0$$

式中，ω 为超平面的法向量；ξ_{ij} 为用于控制错误率的松弛变量。由图 11-5 可知，由于正负样本对称，因此超平面截距 $b=0$。

11.7 Spark 中支持向量机的实现

11.7.1 Spark 中的支持向量机模型

Spark 的 MLlib 提供了多种线性分类器算法的分布式实现，包括前面章节已经介绍过的 Logistics 回归，还有支持向量机 SVM 和朴素贝叶斯等。

Ranking SVM 算法的基础是 SVM 模型，因此先介绍一下 Spark 的 MLlib 中 SVM 的对象和函数。在 org.apache.spark.mllib.classification 中提供了 SVM 相关的两个对象：SVMWithSGD 和 SVMModel。

SVMWithSGD 提供了支持向量机基于随机梯度下降算法的求解。SVMWithSGD 需要设置的参数较少，通常只需要设置 SVMWithSGD 的优化对象 SVMWithSGD.optimizer 的相关参数：

- ❏ "def setNumIterations(iters: Int): GradientDescent.this.type"：设置最大的迭代次数。
- ❏ "def setRegParam(regParam: Double): GradientDescent.this.type"：设置正则系数。
- ❏ "def setUpdater(updater: Updater): GradientDescent.this.type"：设置正则项的类型，L1 或者 L2 正则。
- ❏ "def setStepSize(step: Double): GradientDescent.this.type"：设置迭代的步长。

SVMWithSGD 的训练函数 run() 接受类型为 RDD[LabeledPoint] 输入，训练结果返回到 SVMModel 对象中。

对象 SVMModel 中则保存了支持向量机的训练结果，包含如下函数和变量。

- ❏ "def predict(testData: RDD[Vector]): RDD[Double]"：利用训练模型，预测测试数据的类型。
- ❏ "val weights: Vector"：返回每个特征在训练模型中的权重。

11.7.2 使用 Spark 测试数据演示支持向量机的训练

和第 9 章 的 Logistics 回归类似，仍然使用 Spark 自带的测试数据 data/mllib/sample_libsvm_data.txt 展示如何在 Spark 下训练支持向量机。

步骤 1 使用 MLUtils 对象读取数据集到 RDD[LabeledPoint] 中：

```
importorg.apache.spark.SparkContext
importorg.apache.spark.mllib.classification.{SVMModel, SVMWithSGD}
importorg.apache.spark.mllib.evaluation.MulticlassMetrics
importorg.apache.spark.mllib.regression.LabeledPoint
importorg.apache.spark.mllib.linalg.Vectors
importorg.apache.spark.mllib.util.MLUtils

val data = MLUtils.loadLibSVMFile(sc, "data/mllib/sample_libsvm_data.txt")
```

步骤 2 将新的训练集按 3:2 分为训练集和测试集：

```
val splits = data.randomSplit(Array(0.6, 0.4))
val training = splits(0).cache()
val testing = splits(1)
```

步骤 3 设置迭代步骤为 100 次，训练支持向量机模型：

```
valnumIterations = 100
val model = SVMWithSGD.train(training, numIterations)
model.clearThreshold()
```

步骤4 预测测试集的分类结果：

```
valscoreAndLabels = testing.map { point =>
val score = model.predict(point.features)
  (score, point.label)
}
```

步骤5 验证模型，包括模型的准确率 Precision、召回率 Recall 和 F 值：

```
val metrics = new MulticlassMetrics(scoreAndLabels)
println("Precision = " + metrics.precision(1.0))
println("Recall = " + metrics.recall(1.0))
println("F-Measure = " + metrics.fMeasure(1.0))
```

输出的结果为：

```
Precision= 1.0
Recall = 1.0
F-Measure = 1.0
```

步骤6 输出模型在权重最大的前 10 个特征和其权重：

```
val weights = (1 to model.weights.size) zip model.weights.toArray
println("Top 10 features:")
weights.sortBy(-_._2).take(10).foreach{ case(k,w) =>
    println("Feature " + k + " = " + w)
}
```

输出的结果为：

```
Top 10 features:
Feature 435 = 116.495859906476
Feature 463 = 111.43522084113582
Feature 408 = 108.39284168986288
Feature 407 = 106.16256640005331
Feature 380 = 101.57484830499078
Feature 436 = 99.53558087161083
Feature 379 = 99.46058303860126
Feature 491 = 99.12772713624908
Feature 434 = 98.13586683932844
Feature 518 = 95.65037569666302
```

如果需要训练有正则项的支持向量机，则步骤 3 可以修改为：

```
import org.apache.spark.mllib.optimization.L1Updater

valsvmAlg = new SVMWithSGD()
//L1 正则，正则系数为 1.0，最大迭代次数为 100 次
svmAlg.optimizer.
setNumIterations(100).
```

```
setRegParam(0.1).
setUpdater(new L1Updater)
val model = svmAlg.run(training)
```

11.8　案例：基于 MSLR 数据集的查询排序

11.8.1　Microsoft Learning to Rank 数据集介绍

Microsoft Learning to Rank 数据集是一套常用的搜索引擎研究数据集。数据集中所有的查询、文档、标注结果都来自商用搜索引擎 Microsoft Bing，并共分为两个部分：MSLR-WEB30K 和 MSLR-WEB10K。

MSLR-WEB30K 的查询数超过 30 000 个，而 MSLR-WEB10K 是从 MSLR-WEB30K 中随机采样构成的。数据集的每一行为一个查询 + 文档对，是由相关度标注、查询 ID 以及排序特征向量组成的。相关度标注采用 5 级的方式，0 表示不相关，4 表示最相关，随着数字的增加，查询与文档的相关度增高。数据集的格式示例如下：

```
0 qid:1 1:3 2:0 3:2 4:2 ... 135:0 136:0
2 qid:1 1:3 2:3 3:0 4:0 ... 135:0 136:0
......
```

其中第一列是查询和搜索结果的相关度标度，第二列是查询的 ID 号，其他的列是特征向量。

每个数据集都按照查询的个数均分成为了 5 份，记为 S1、S2、S3、S4 和 S5，用于五倍交叉验证。在每一个设置中，其中三份作为训练集，一份作为校验集，最后一份作为测试集。训练集用于排序模型的训练，测试集用于检验模型的准确率，而校验集用于调整模型的参数，例如迭代次数和正则系数等。数据集的描述如表 11-1 所示。

表 11-1　MSLR 数据集介绍

	训练集	校验集	测试集
Fold 1	S1，S2，S3	S4	S5
Fold 2	S2，S3，S4	S5	S1
Fold 3	S3，S4，S5	S1	S2
Fold 4	S4，S5，S1	S2	S3
Fold 5	S5，S1，S2	S3	S4

MSLR 数据集的排序特征向量是由 136 个特征组成，包括查询的 TF、IDF、TfIdf 值的各项统计指标，PageRank 值和 SiteRank 值（即站点级的 PageRank），网页质量评分，网页延迟等。

11.8.2 基于 Spark 的 Ranking SVM 实现

本小节中利用 Spark 的支持向量机模型，实现对 MSLR 数据集的查询排序算法 Ranking SVM。

步骤 1 首先，读取 MSLR 的数据，以 QueryID 为 Key 保存到 RDD 中：

```
importorg.apache.spark.mllib.linalg.Vectors
importorg.apache.spark.util.Vector
importorg.apache.spark.mllib.regression.LabeledPoint
importorg.apache.spark.mllib.evaluation.MulticlassMetrics
importscala.math._
// 将数据读取为 RDD[Long, Int, Vector] 对象，表示 QueryID-Rank-Features
val data = sc.textFile("data/mslr/query.txt").map{s =>
val splits = s.split(" ")
val query = splits(1).drop(4).toLong
val rank = splits(0).toDouble
val size = splits.size - 2
val values = splits.drop(2).map(_.split(":")(1).toDouble)
    (query, rank, Vectors.dense(values))
}
```

步骤 2 对于 QueryID 相同的数据，两两相减得到一个新的样本：

```
valparsedData = data.groupBy(_._1).values.flatMap{d =>
    val pairs = d.toArray.permutations.toArray
    pairs.map{p =>
        val temp = new Vector(p(0)._3.toArray) - new Vector(p(1)._3.toArray)
        valvector = Vectors.dense(temp.elements)
        val label = Math.signum(p(0)._2 - p(1)._2)
        if (label == 1)
            newLabeledPoint(1.0, vector)
        else if (label == -1)
            newLabeledPoint(0.0, vector)
    }
}
```

步骤 3 将新的训练集按 3:2 分为训练集和测试集：

```
val splits = parsedData.randomSplit(Array(0.6, 0.4))
val training = splits(0).cache()
val testing = splits(1)
```

步骤 4 设置迭代次数为 100，训练一个支持向量机：

```
valnumIterations = 100
val model = SVMWithSGD.train(training, numIterations)
model.clearThreshold()
```

步骤 5　验证模型的准确率：

```
valscoreAndLabels = testing.map { point =>
    val score = model.predict(point.features)
(score, point.label)
}
val metrics = new MulticlassMetrics(scoreAndLabels)
println("Precision = " + metrics.precision(1.0))
println("Recall = " + metrics.recall(1.0))
```

输出的结果为：

```
Precision = 0.7892834790192838
Recall = 0.8172639817293817
```

11.9　本章小结

本章介绍了搜索引擎的基本概念，以及搜索排序的核心算法 PageRank 和 Ranking SVM 的基本原理。然后给出了 Spark 中 PageRank 和 Ranking SVM 的相关类型和函数，以及基本的程序示例。最后基于 SNAP 数据集和 MSLR 数据集，给出了 Spark 实现搜索排序算法的案例。

推荐阅读

Spark大数据分析实战

作者：高彦杰 等 ISBN：978-7-111-52307-9 定价：59.00元

Hadoop大数据分析与挖掘实战

作者：张良均 等 ISBN：978-7-111-52265-2 定价：69.00元

Hadoop YARN权威指南

作者：Arun C. Murthy 等 ISBN：978-7-111-49181-1 定价：59.00元

Storm分布式实时计算模式

作者：P. Taylor Goetz 等 ISBN：978-7-111-48438-7 定价：59.00元